Gafas de visión
nocturna

Transmisor
de mano

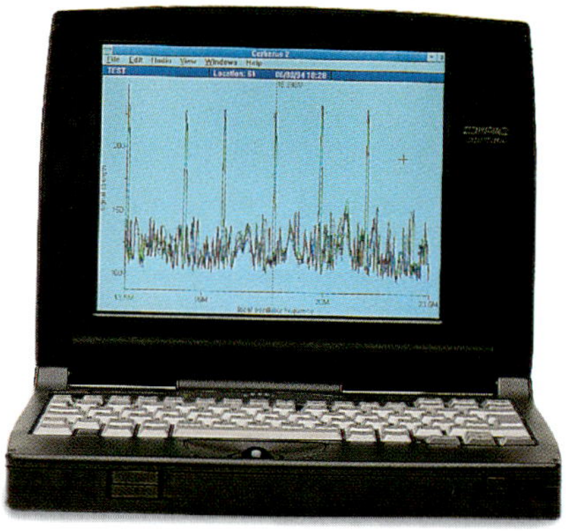

Pantalla de ordenador
portátil que muestra la
presencia de micrófonos
ocultos en un edificio

Vista lateral de un
paquete de explosivos
para agentes de la
retaguardia en el
hipotético caso de una
III Guerra Mundial

La pistola "pitón" que
James Bond utiliza
en *Goldeneye*

Linterna de luz
ultravioleta y sellos
para comprobar que
no haya micrófonos
ocultos

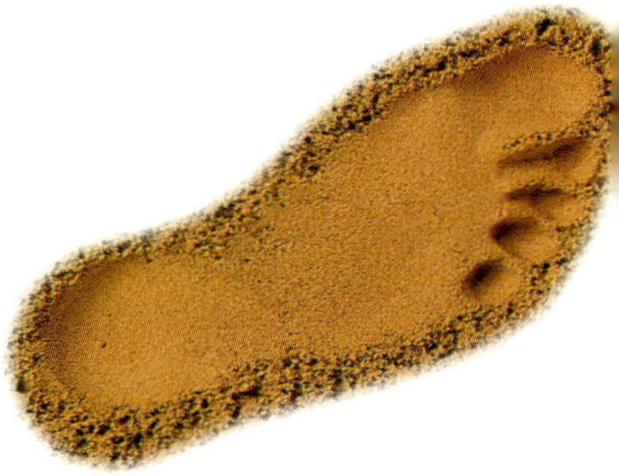

Huellas marcadas con suelas de goma
por un agente secreto para disimular el
desembarco en una playa

Lata de conserva de lengua de ternera para pasar de contrabando mapas y brújulas, I Guerra Mundial

BIBLIOTECA VISUAL ALTEA

Tinta invisible y esponja alemanas

espías

Escrito por
Richard Platt
Fotografía de
Geoff Dann y Steve Gorton

Suelas de goma que se ponían en las botas para disimular el aterrizaje o desembarco en desiertos y playas

Tacón de cuero de una bota con un compartimento oculto, II Guerra Mundial

Mensaje escondido en un tacón de plástico, II Guerra Mundial

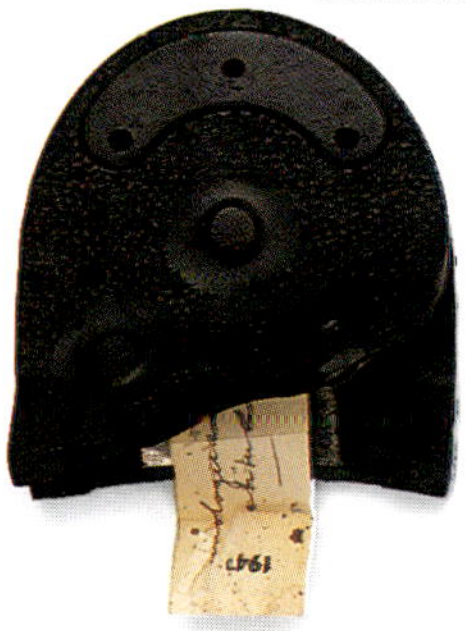

ALTEA

Espejo del contraespionaje para observar al doblar las esquinas

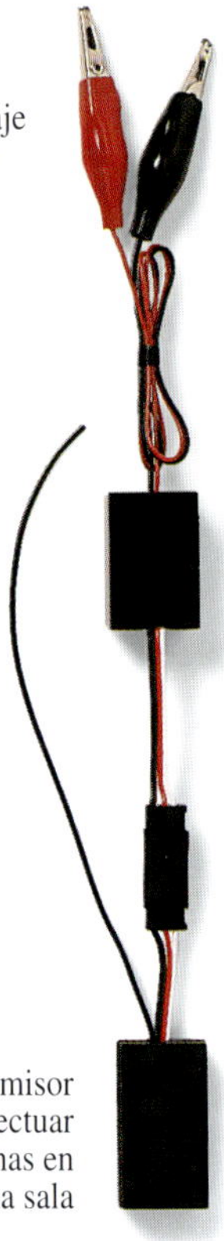

Transmisor para efectuar escuchas en una sala

UN LIBRO DE DORLING KINDERSLEY

Consejo editorial:

Londres:
Miranda Smith, Kati Poynor, Julie Ferris,
Gilliam Denton, Julia Harris, Charlotte Traill,
Sarah Moule

Madrid:
Elena Fernández-Arias Almagro

Traducido por: Carlos Abio y Mercedes Villegas

Título original: Eyewitness Guide. Volumen 67: *Spy*
Publicado originalmente en 1996 en Gran Bretaña por
Dorling Kindersley Limited, 9 Henrietta Street,
London WC2E 8 S

Torrelaguna, 60 - Madrid 28043

• Aguilar, Altea, Taurus, Alfaguara, S. A.
Beazley, 3860, 1437 Buenos Aires
• Aguilar, Altea, Taurus, Alfaguara, S. A. de C.V.
Av. Universidad, 767. Col. del Valle, Mexico, D.F.C.P.0310
• Distribuidora y Editora Aguilar, Altea, Taurus, Alfaguara, S.A.
Calle 80 n.º 10-23, Santafé de Bogotá, Colombia

ISBN: 84-372-2319-9

Printed in Singapore - Impreso en Singapur

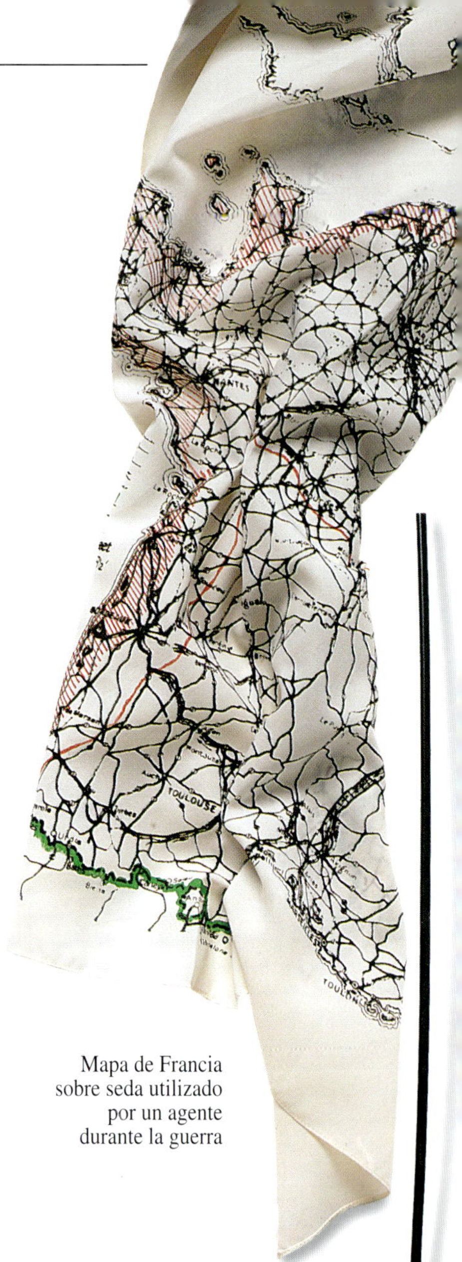

Mapa de Francia sobre seda utilizado por un agente durante la guerra

Transmisor de mano

Muñeca elaborada en la prisión de Fresnes por la agente Odette Sampson durante la II Guerra Mundial

Caja de cerillas fabricada para un agente del Servicio de Operaciones Especiales

¿Qué es un espía?

EL ESPIONAJE, TAMBIÉN DENOMINADO "servicios de inteligencia", comenzó hace miles de años, cuando las naciones luchaban por la posesión de las tierras, las riquezas o los esclavos. Los espías se introducían en el territorio enemigo, contaban el número de guerreros o averiguaban los planes de ataque. Si tenían éxito, regresaban como héroes con los datos (los secretos) que habían obtenido. Aquéllos que fallaban y que eran descubiertos se enfrentaban a la ejecución. A través de la historia, los generales, los gobiernos y los comerciantes han utilizado palabras como "ALTO SECRETO" o "CONFIDENCIAL" para ocultar datos o información importante. Ellos son quienes dan trabajo a los espías para avergiuar la información que sus enemigos quieren ocultar y pasar los secretos a personas que en un principio no deberían conocerlos. En la actualidad los espías todavía llevan vidas arriesgadas: algunos roban datos, otros tienen acceso a los secretos sólo porque hay quien confía en ellos. Traicionando esa confianza, un espía puede hacer ganar o perder guerras, e incluso cambiar el rumbo de la historia.

Rahab señaló sus ventanas con un cordón rojo

Josué observa cómo los muros de Jericó son derribados

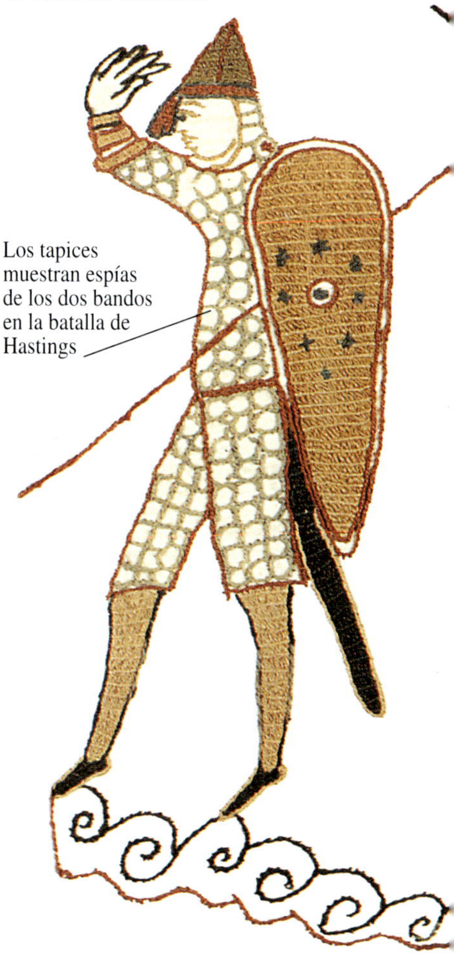

Los tapices muestran espías de los dos bandos en la batalla de Hastings

ESPIONAJE EN LA BIBLIA
Una historia del Antiguo Testamento, el libro sagrado del Judaísmo y del Cristianismo, cuenta cómo los espías colaboraron en la caída de la ciudad fortificada de Jericó. El jefe de las tropas atacantes, Josué, envió dos espías a la ciudad al anochecer. Fueron a la casa de una prostituta, Rahab, y se escondieron en el tejado. Rahab mintió a las autoridades de Jericó para proteger a los espías y cuando las tropas de Josué destruyeron la ciudad, dejaron a salvo las vidas de Rahab y de su familia, pero mataron a todos los demás.

ESPÍA EGIPCIO
Ankhesenamen, joven reina de Egipto, quería volver a casarse cuando su marido murió en el año 1340 a. C. Escribió a un rey vecino: "Envíame a uno de tus hijos adultos: será rey de Egipto". En lugar de eso, el rey mandó a su ayudante para que verificara la historia de la reina.

ESPIAR PARA LOS MONGOLES

Los espías ayudaron a Gengis Kan (1162-1227) a conquistar la mayor parte de Asia. Kan procedía de Mongolia, en Asia Central, pero sabía que la gente de Mongolia levantaría pronto las sospechas en países lejanos. Así que con perspicacia reclutó agentes de los pueblos que pensaba invadir, y estos espías locales se podían mover con libertad y recoger los datos. Para transportar los mensajes secretos en distancias largas, utilizaba jinetes, que podían ir diez veces más deprisa que un ejército.

Por el este, el imperio mongol alcanzó el Pacífico

ALEJANDRO MAGNO

El rey Macedonio Alejandro Magno (356-323 a.C.) se servía de espías para averiguar los movimientos de tropas de sus enemigos y también para explorar las mejores rutas para sus enormes ejércitos. Los espías de Alejandro utilizaban una técnica simple pero práctica para mantener sus mensajes en secreto: escribían en superficies enrolladas en espiras alrededor de un palo. Cuando desenrollaban la superficie, las palabras del mensaje quedaban desordenadas, pero si se volvía a enrollar sobre un palo idéntico, era muy fácil leer el texto.

INADVERTIDO ENTRE LA MULTITUD

Varios de los mejores espías del pasado han sido mujeres: las mujeres podían pasar inadvertidas en sitios en los que un hombre hubiera levantado sospechas. En tiempos de guerra, casi todos los hombres jóvenes se unían a los ejércitos y un hombre con ropas de civil no era muy común. En esta fotografía de espías en acción durante la II Guerra Mundial (1939-1945), una de las mujeres está haciendo una fotografía con una cámara oculta.

La cámara está escondida en el bolso de rafia

El tapiz de Bayeux está bordado en realidad sobre una tira de tela de lino de 70 metros de longitud

GRABADOS PARA LA POSTERIDAD

En el tapiz de Bayeux aparecen espías en la histórica batalla de Hastings, que tuvo lugar en Inglaterra en el 1066. El tapiz muestra cómo un ejército del noroeste de Francia, liderado por Guillermo de Normandía (1028-1087), conquistó Inglaterra en 1066. Los espías ingleses dieron parte de miles de hombres bien afeitados y con el pelo corto. En ese tiempo, en Inglaterra, todos los hombres, excepto los curas, llevaban bigote y pelo largo, así que los espías creyeron que se trataba de miles de curas franceses. En realidad, estos "curas" eran soldados que sobrepasaban en número a los ingleses.

Ningún espía en tiempos de paz tiene la "licencia para matar" del agente 007

ESPÍAS DE FICCIÓN

El atractivo espía James Bond, agente 007, es el héroe de 13 novelas del autor inglés, Ian Lancaster Fleming (1908-64). El propio Fleming fue espía antes de convertirse en escritor. Utilizó a gente que había conocido durante ese tiempo como personajes para sus libros. Los argumentos de los libros y películas no muestran el lado aburrido de la vida de los espías reales. Sin embargo varias de las hazañas del propio Fleming fueron tan intrépidas como las del agente de ficción 007.

Tipos de espías

TROVADORES
Estos juglares medievales iban de castillo en castillo divirtiendo a los nobles europeos. Algunos ejercían de espías escuchando los comentarios de las personas importantes y repitiendo lo escuchado cuando viajaban a otros países.

Los espías provienen de entornos muy variados y son reclutados por un servicio de espionaje por razones muy diversas. El dinero atrae a muchos pero otros se convierten en espías por profundas convicciones personales y no necesitan ningún tipo de persuasión. Algunos espían porque se les chantajea y muchos porque así se sienten más importantes. Los "intrusos" penetran en la organización objetivo, donde pueden conseguir datos. De todas formas, reclutar a "un agente interno" es a veces más sencillo que esperar a que un "intruso" llegue a la información deseada. Estas personas que están dentro de la organización ya tienen la confianza y el acceso a los secretos, incluso antes de que los recluten... a veces mediante el chantaje o el soborno.

COMENTARIOS A DESTIEMPO
Los espías no suelen llevar uniformes que puedan llamar la atención. Este póster de la época de la guerra recordaba a los británicos que no debían hablar sobre los hijos y maridos que estaban en las fuerzas armadas porque "Hablar sin precauciones puede costar vidas". Los pasajeros de un autobús que escucharan una conversación podían ser espías y podían informar de los movimientos de las tropas al enemigo.

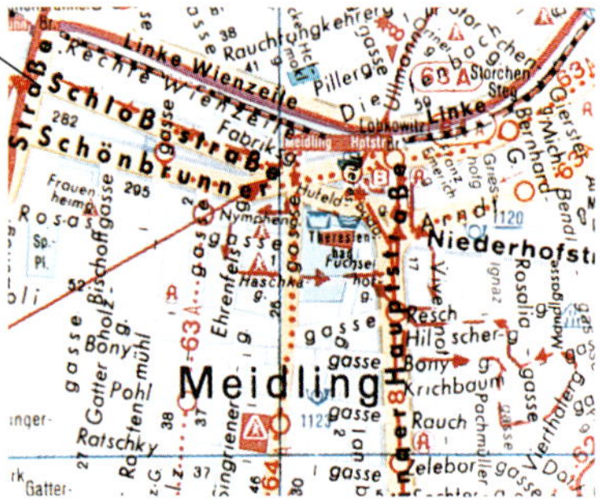

Walker deambulaba por las calles de Viena y los agentes soviéticos comprobaban que nadie lo siguiera.

Edificio (indicado por una flecha roja en el plano) que se menciona en las instrucciones mecanografiadas de Walker, en una visita a Viena en 1978

EL CAMINANTE WALKER
El estadounidense John Walker trabajó para la Armada de EE UU y vendió información a la Unión Soviética durante 17 años. Sus contactos soviéticos le daban instrucciones para viajar a Viena, Austria, y encontrarse allí con él para darle dinero y entrenarlo.

UN ESPECIALISTA ESPIADO
El embajador francés en Moscú, Maurice Dejean, contrató sin saberlo a dos espías como chófer y criada. Intentaron chantajearlo para convertirlo en un "agente interno". El intento falló, pero aun así arruinaron la carrera de Dejean.

Estos diplomáticos rusos vestidos espléndidamente son "boyardos": miembros de las familias rusas nobles

ESPÍAS AFICIONADOS
Desde los tiempos de la Biblia, los mercaderes siempre han tenido muy abiertos los ojos y los oídos cuando viajaban al exterior. Estos "espías aficionados" regresan a casa desde la tierra de Canaán para informar de lo que han visto.

Irak diseñó el "Supercañón" para bombardear objetivos a miles de kilómetros de distancia

ESPÍAS PRESCINDIBLES
El MI6 (servicio secreto de inteligencia británico) animó a las empresas para que vendieran piezas de armamento como las de este "Supercañón" a Irak en los años 80. Los exportadores regresaron con información que fue considerada muy importante por el MI6. Sin embargo, esos exportadores habían estado violando un embargo de armamento. El gobierno británico intentó, aunque sin conseguirlo, evitar la vergüenza, negando haber autorizado esas ventas.

UN TOPO EN LA CIA
Los agentes enemigos que logran traspasar los servicios de seguridad a veces son denominados "topos", porque profundizan mucho y trabajan de forma invisible. El estadounidense Larry Wu Tai Chin trabajó para la CIA durante más de 35 años, pero en realidad era un topo de China desde el principio.

ESPÍAS EN LA CORTE
La mayoría de los espías son "ilegales": Si les atrapan se enfrentan a un juicio y a un castigo. A lo largo de la historia, los mercaderes y comerciantes, como éstos que aparecen en esta talla de madera del siglo XVI, han disfrutado de una buena posición para actuar como "ilegales". Los diplomáticos, por otra parte, son denominados "legales". Estos funcionarios representan a sus países en las embajadas en el exterior y tienen licencia para espiar. Si los descubren, su condición de diplomáticos les protege del castigo mediante leyes internacionales. De hecho, muy pocos hacen de espías. Pero los funcionarios del servicio de inteligencia utilizan sus funciones diplomáticas como una tapadera para reclutar y controlar espías.

Desfile de diplomáticos y comerciantes en la corte del archiduque de Austria Maximiliano II

Un estuche de juguete para espías en tiempo de guerra

El estuche secreto

La agencia central de inteligencia (CIA) de EE UU, llama "herramientas" a los aparatos, instrumentos y armas de los que dependen en muchas ocasiones los agentes secretos. Con la ayuda de una de estas herramientas un espía puede grabar una conversación o hacer fotos de un encuentro. Otros artilugios facilitan la huida o esconden las pruebas de espionaje de los intrusos. El espía de ficción James Bond hizo famosas estas herramientas. Antes de cada misión peligrosa visitaba el laboratorio de "Q" que fabricaba esos artilugios. El escritor Ian Fleming basó el personaje Q en el inventor Charles Fraser Smith (1904-92), que diseñaba el equipamiento para los servicios de inteligencia británicos durante la Segunda Guerra Mundial. Otras organizaciones también poseían laboratorios para agentes parecidos, por ejemplo, Stanley Lovell (1890-1976) equipaba a los espías de EE UU.

Al presionar las dos partes de la cámara, la película fotográfica avanza un negativo y se tapa el objetivo

La lente del objetivo está aquí

CÁMARA SUPERDIMINUTA
Esta cámara Minox se puede esconder en una mano, pero hace fotos de una calidad excelente. Los fabricantes de Letonia la vendían en un principio como cámara de bolsillo, pero los servicios de inteligencia pronto se dieron cuenta de sus ventajas y se convirtió en una pieza básica del equipamiento. El único problema de la cámara era el tamaño diminuto de los negativos que se tenían que ampliar 25 veces para poder leerlos. En esta escala tan pequeña, una mota de polvo que hubiera en la película podía tapar una palabra de vital importancia.

El bolígrafo escribe normalmente

SUELAS ÚTILES
Los objetos ocultos tienen que estar bien escondidos para evitar ser descubiertos y en los zapatos y botas se pueden esconder armas o artilugios bastante grandes. En la Segunda Guerra Mundial, los espías a veces escondían oro para sobornos y cuchillos en la plantilla de las suelas.

Tirando del cordón se saca el objeto oculto

Sumario

Cápsula para píldora de suicidio, II Guerra Mundial

Píldora de suicidio, II Guerra Mundial

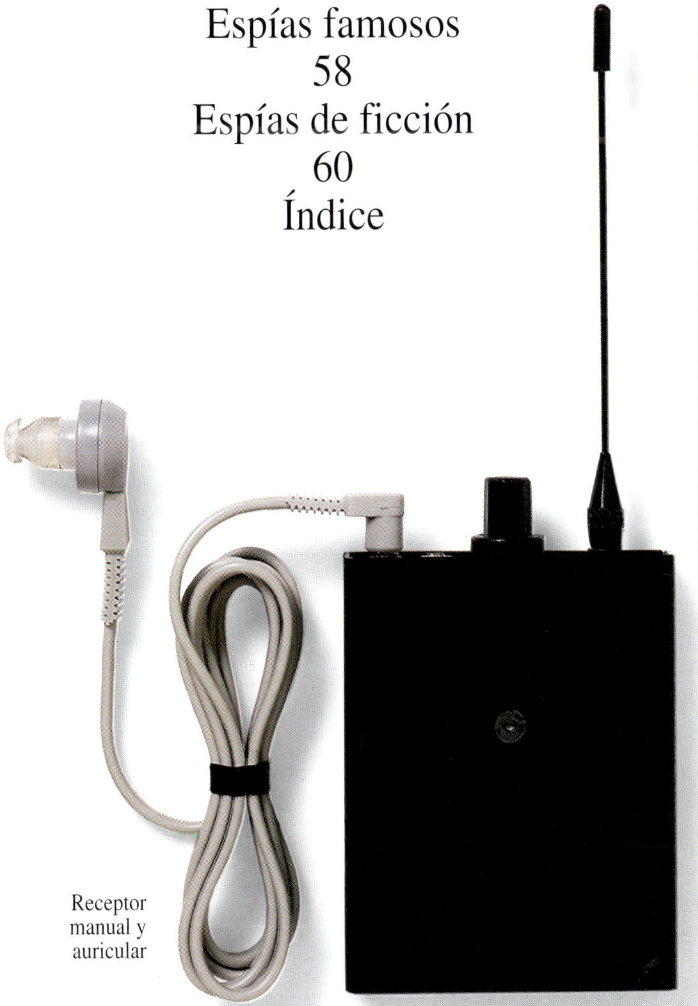

Receptor manual y auricular

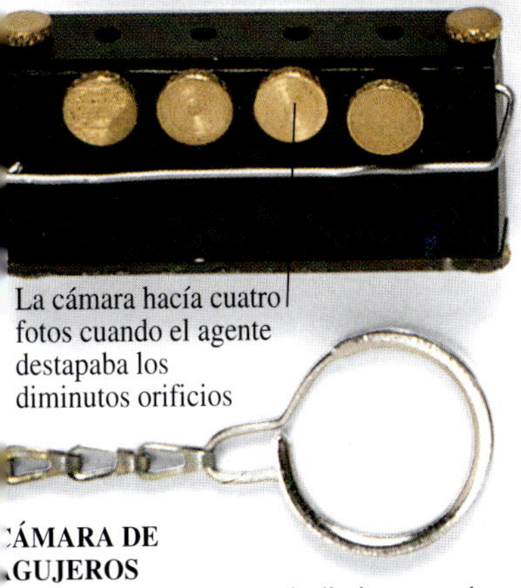

La cámara hacía cuatro fotos cuando el agente destapaba los diminutos orificios

Las exposiciones duraban minutos, así que las únicas fotos válidas eran las de objetos fijos, como edificios

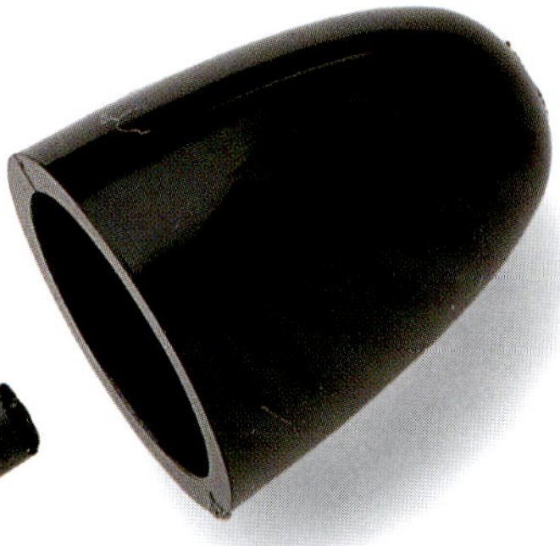

Tubo acústico del micrófono

ÁMARA DE GUJEROS

lgunas de las cámaras más diminutas tenían rificios en lugar de lentes. Los agentes del GB utilizaban ésta en los años 80. as fotos de esta cámara no salían orrosas independientemente e que el objeto estuviera erca o lejos. Pero ampoco salían ítidas.

El cuerpo del boli oculta el transmisor

El tubo alberga una pila que tiene energía suficiente para seis horas

BOLÍGRAFO ESPÍA

Los circuitos de los radiotransmisores son hoy en día tan pequeños que los espías pueden instalar micrófonos en los objetos más diminutos. Este bolígrafo no llama la atención en un bolsillo y pasaría inadvertido en una mesa de oficina. Sin embargo, esconde un micrófono para escuchar indiscretamente cualquier conversación cercana. Un transmisor reducido emite la señal en frecuencia de radio UHF. La potencia de la señal es baja pero suficientemente fuerte para que un cómplice, que puede estar en un coche a 500m de distancia, capte la conversación con un receptor y la grabe.

CEPILLAR AL ENEMIGO

Todos los espías corren el riesgo de que los capturen, pero el peligro es quizás mayor durante la guerra. Así que los espías de la Segunda Guerra Mundial ocultaban todo tipo de artilugios para fugarse en objetos, como por ejemplo este cepillo del pelo. Un compartimento contiene una sierra para cortar los barrotes de una prisión, un mapa del territorio enemigo ocupado y una brújula.

El compartimento se abre tirando de las cerdas del cepillo

Pequeña hoja de sierra

Brújula

Aguja de la brújula

Artilugios escondidos en un cepillo de pelo

Mapa impreso en papel muy fino para que se pueda doblar hasta alcanzar un tamaño reducido

La base del cepillo está hueca

FÁCIL ENTRADA

La forma más segura de entrar en un edificio cerrado es sobornando a uno de los empleados que ganan menos para que abra la puerta. Cuando esto no era posible, los espías intentaban forzar la puerta con herramientas especiales como stas. En Gran Bretaña, los servicios de inteligencia contrataron a un ladrón retirado para que enseñara estas técnicas de vital importancia a los agentes durante la guerra.

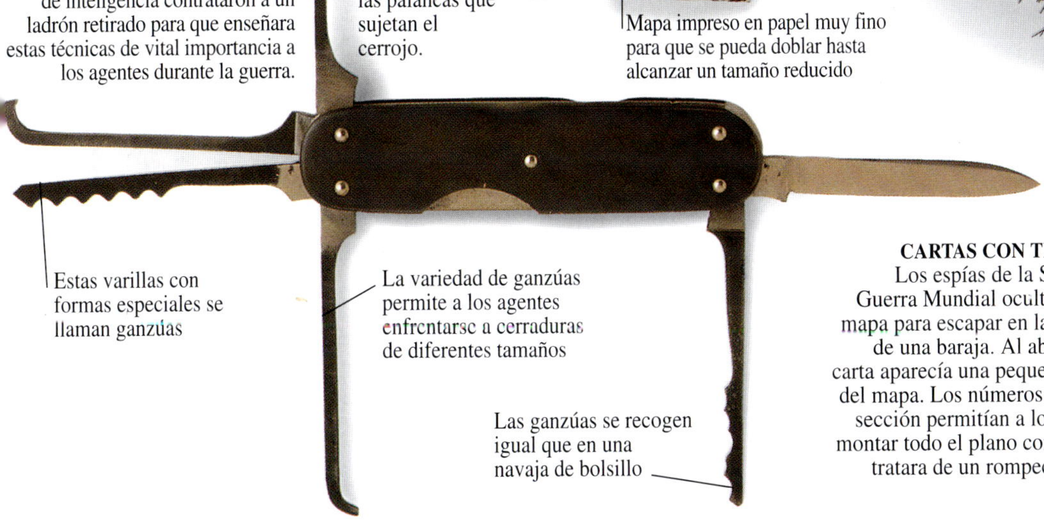

Insertando una de las cuchillas con forma de gancho en una cerradura y haciéndola girar suavemente, se pueden subir las palancas que sujetan el cerrojo.

Estas varillas con formas especiales se llaman ganzúas

La variedad de ganzúas permite a los agentes enfrentarse a cerraduras de diferentes tamaños

Las ganzúas se recogen igual que en una navaja de bolsillo

CARTAS CON TRAMPA

Los espías de la Segunda Guerra Mundial ocultaban un mapa para escapar en las cartas de una baraja. Al abrir cada carta aparecía una pequeña zona del mapa. Los números de cada sección permitían a los espías montar todo el plano como si se tratara de un rompecabezas.

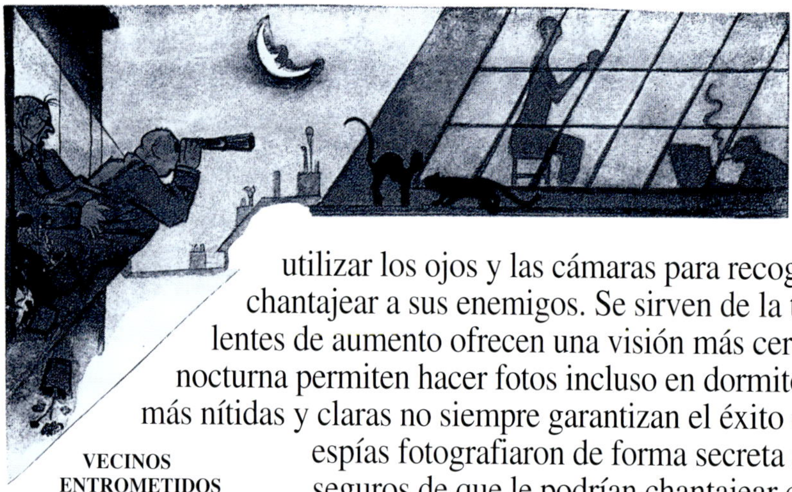

Ver lo invisible

LA VIGILANCIA VISUAL forma parte del entrenamiento de todos los agentes. Aprenden a utilizar los ojos y las cámaras para recoger información o para obtener datos con los que chantajear a sus enemigos. Se sirven de la tecnología para que su visión sea más aguda. Las lentes de aumento ofrecen una visión más cercana de escenas privadas, y los aparatos de visión nocturna permiten hacer fotos incluso en dormitorios apenas iluminados. De todas formas, las fotos más nítidas y claras no siempre garantizan el éxito de una operación de vigilancia. En una ocasión los espías fotografiaron de forma secreta a un diplomático occidental con su amante; estaban seguros de que le podrían chantajear con las fotos. Cuando se encontraron con él y le amenazaron con enviárselas a su mujer, su descarada respuesta les sorprendió: "¡Qué fotos tan estupendas!" exclamó "¿Me pueden hacer varias copias?"

VECINOS ENTROMETIDOS
Un espía bien equipado no necesita estirarse para ver mejor.

Un agente utilizando un bolígrafo de escritura nocturna

DESCUBIERTO EN PLENA FAENA
Para hacer fotografías casi a oscuras los espías pueden utilizar cámaras intensificadoras de imágenes. Utilizan un tubo parecido a los que ponen en los equipos de visión nocturna (en la página siguiente). La cámara permite hacer fotos en condiciones de luz muy pobre; el resplandor de un cigarro proporciona suficiente luminosidad para fotografiar a un agente que está copiando documentos o pasando secretos a un colaborador. Los intensificadores de imágenes no perciben el color, así que los espías normalmente ponen película de alta sensibilidad en blanco y negro. Las fotos en color (a la izquierda) salen con un misterioso resplandor verde.

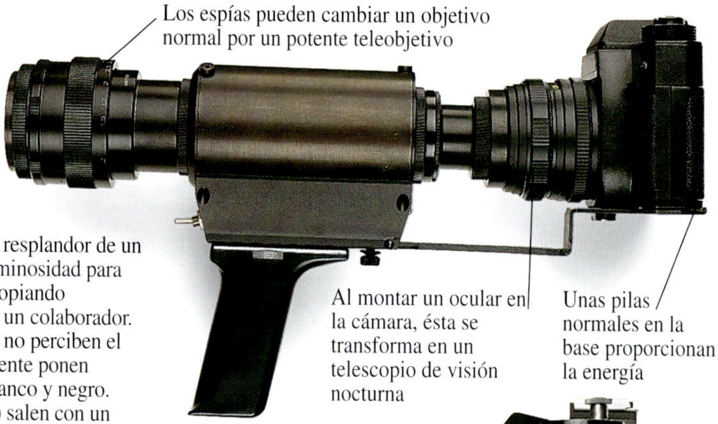

Los espías pueden cambiar un objetivo normal por un potente teleobjetivo

Al montar un ocular en la cámara, ésta se transforma en un telescopio de visión nocturna

Unas pilas normales en la base proporcionan la energía

El teleobjetivo aumenta los detalles seis veces más que un objetivo normal

Enganche para la correa

"Gatillo" que acciona el obturador

El mango de rifle ayuda a que la cámara no se mueva y contribuye a que las fotografías salgan nítidas cuando no es posible utilizar un trípode

Un objetivo normal abarca todo el mercadillo callejero

La cámara de un fotógrafo furtivo toma dos imágenes concretas entre la multitud

VISIÓN EN LA OSCURIDAD
Las gafas de visión nocturna dan a los espías la posibilidad de ver con una luz muy débil. En completa oscuridad una linterna de rayos infrarrojos inunda la escena de luz para cualquiera que lleve las gafas, pero una persona que no las lleve no puede ver nada. Los detalles son distintos, pero la mayoría de los sistemas funcionan como los tubos de imágenes que se utilizan en las cámaras de televisión. El tubo convierte los fotones (paquetes de luz) del objetivo de la cámara en electrones (partículas diminutas, con carga eléctrica). Los electrones se aceleran hacia la pantalla de fósforo, produciendo una incandescencia brillante donde golpean. La pantalla forma una imagen más luminosa que la escena original.

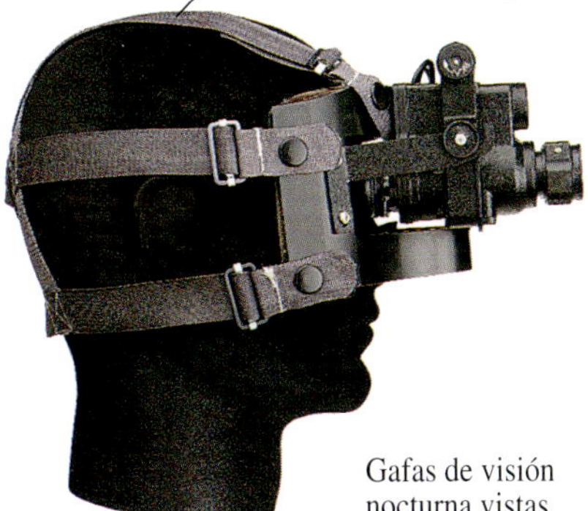

Gafas de visión nocturna vistas de perfil

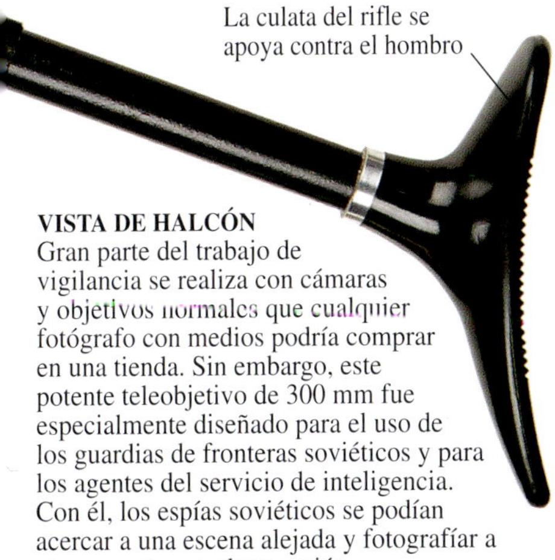

VISTA DE HALCÓN
Gran parte del trabajo de vigilancia se realiza con cámaras y objetivos normales que cualquier fotógrafo con medios podría comprar en una tienda. Sin embargo, este potente teleobjetivo de 300 mm fue especialmente diseñado para el uso de los guardias de fronteras soviéticos y para los agentes del servicio de inteligencia. Con él, los espías soviéticos se podían acercar a una escena alejada y fotografiar a otros agentes en plena acción.

TODO ES CUESTIÓN DE ESPEJOS
Los espías en la Francia del siglo XIX utilizaban estos binoculares de inocente apariencia para observar a sus oponentes. Una de las lentes produce la misma visión que unos anteojos normales. La otra lente era falsa. Detrás, un espejo en ángulo ofrecía una visión perfecta de lo que ocurría a un lado... aunque daba la impresión de que el espía miraba hacia adelante. Hoy en día todavía se pueden encontrar artilugios similares. Disimulada en cualquier lente, permite a los espías hacer fotografías de objetivos que se encuentran a un lado, mientras apuntan la cámara hacia adelante.

Micrófonos y grabaciones

ENVIANDO...
Un micrófono o transmisor puede ser muy pequeño en realidad. Éste tiene el tamaño de una caja de cerillas.

ANTES DE SUSURRAR "¡Cuéntamelo!" al oído de un amigo, es mejor que eches un vistazo a tu alrededor. Las palabras que se susurran parecen secretas, pero con los micrófonos y los pinchazos de líneas teléfonicas, los espías pueden asegurarse de que ninguna conversación sea privada. Los micrófonos ocultos suelen estar conectados a radiotransmisores y suelen ser diminutos. Un espía que sintoniza un receptor de radio en la frecuencia correcta puede oír cualquier sonido que llegue al micrófono, aunque se encuentre en cualquier otro lugar.

Lo mismo ocurre al pinchar un teléfono (interferir líneas de teléfono). Las grabadoras logran que controlar los micrófonos sea sencillo. Cuando se produce un sonido, la grabación se pone en marcha de forma automática, y la cinta se detiene cuando se produce un silencio continuado.

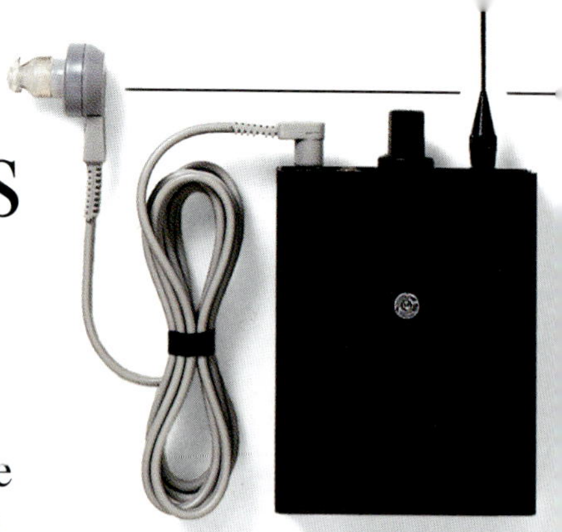

Y RECIBIENDO
Este receptor de bolsillo recibe las señales del micrófono (a la izquierda) y las pasa a los auriculares o a un magnetófono. El micrófono es del tipo "instalación rápida", suficientemente pequeño para esconderlo detrás de un cuadro. Las pilas le duran una semana. El micrófono también es lo suficientemente barato como para abandonarlo: regresar para recogerlo duplica el riesgo de ser descubierto.

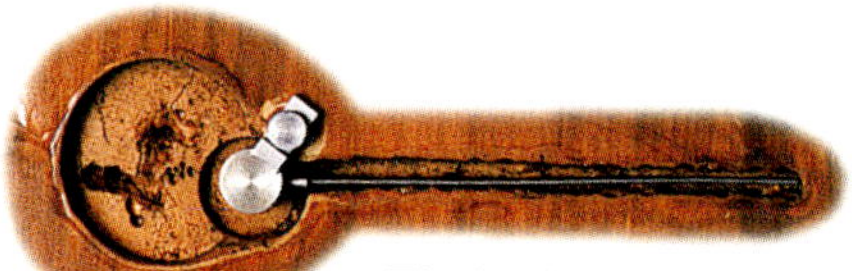

El micrófono de 20cm que se encontró oculto dentro del escudo

EL ESCUDO DE LA EMBAJADA
Esta copia del escudo de EE UU fue un regalo de la Unión Soviética que decoraba la embajada de EE UU en Moscú. De hecho, el escudo ocultaba un ingenioso micrófono. El sonido hacía que vibrara un resorte de su interior. Los espías que se encontraban en un edificio cercano podían captar las vibraciones mediante un radar e interpretar las palabras que causaban las vibraciones.

PINCHAR UN TELÉFONO
Interferir una línea telefónica es más sencillo que colocar un micrófono oculto ya que los espías no necesitan entrar en la habitación. A no ser que exista una centralita, el teléfono se puede pinchar en cualquier sitio situado entre el aparato y la central telefónica. En esta imagen de la película *Procedimiento ilegal*, Chris Lecce (interpretado por Richard Dreyfuss) pincha un teléfono para mantener bajo vigilancia a un testigo fundamental en un caso contra el crimen organizado.

Reloj de pulsera con micrófono de la CIA

¿QUÉ HORA ES?
Este reloj de la CIA esconde un micrófono. Normalmente pasa inadvertido, pero en 1977, un espía estadounidense en Moscú se traicionó porque había olvidado quitarse su reloj normal.

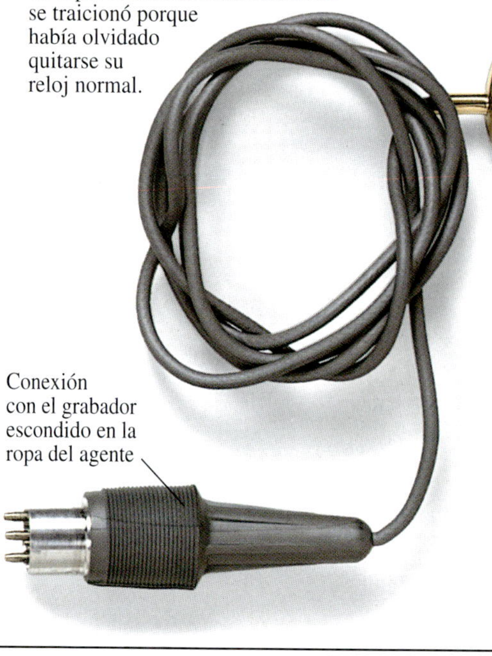

Conexión con el grabador escondido en la ropa del agente

UN MICRÓFONO EN EL TELÉFONO

En un edificio de oficinas, donde existen muchas extensiones y una centralita, un espía necesitaría pinchar todas las líneas de salida y controlar muchas horas de grabaciones para llegar a oír sólo una pequeña conversación. Sin embargo, si el espía puede entrar en el edificio pasando inadvertido, puede obtener una solución más práctica: colocar un micrófono en un teléfono concreto como el que aparece en esta página. Después el espía puede escuchar directamente o grabar todas las conversaciones que quiera.

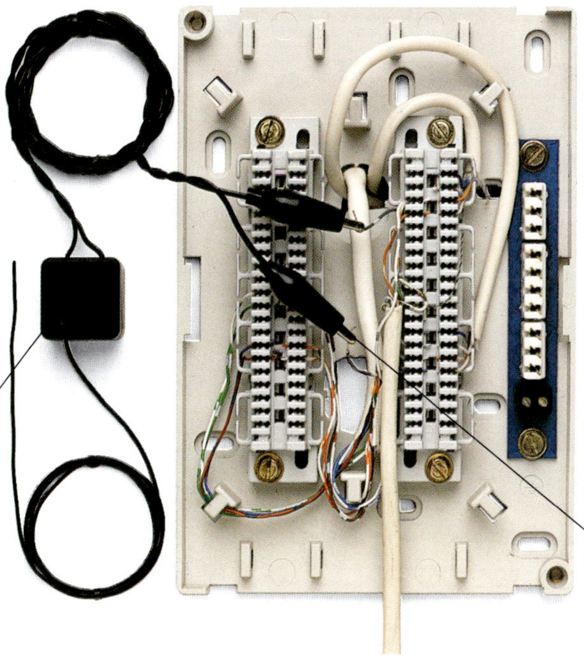

PINCHAZO

A veces se puede pinchar un teléfono conectando un par de cables en el conmutador de entrada de la línea telefónica al edificio.

TRANSMISOR TELEFÓNICO

Un transmisor telefónico posee la ventaja de que el "objetivo" levanta el auricular y habla directa y claramente al micrófono. Pero la desventaja es que el espía sólo escucha las llamadas telefónicas, y no las conversaciones que se producen dentro de la habitación.

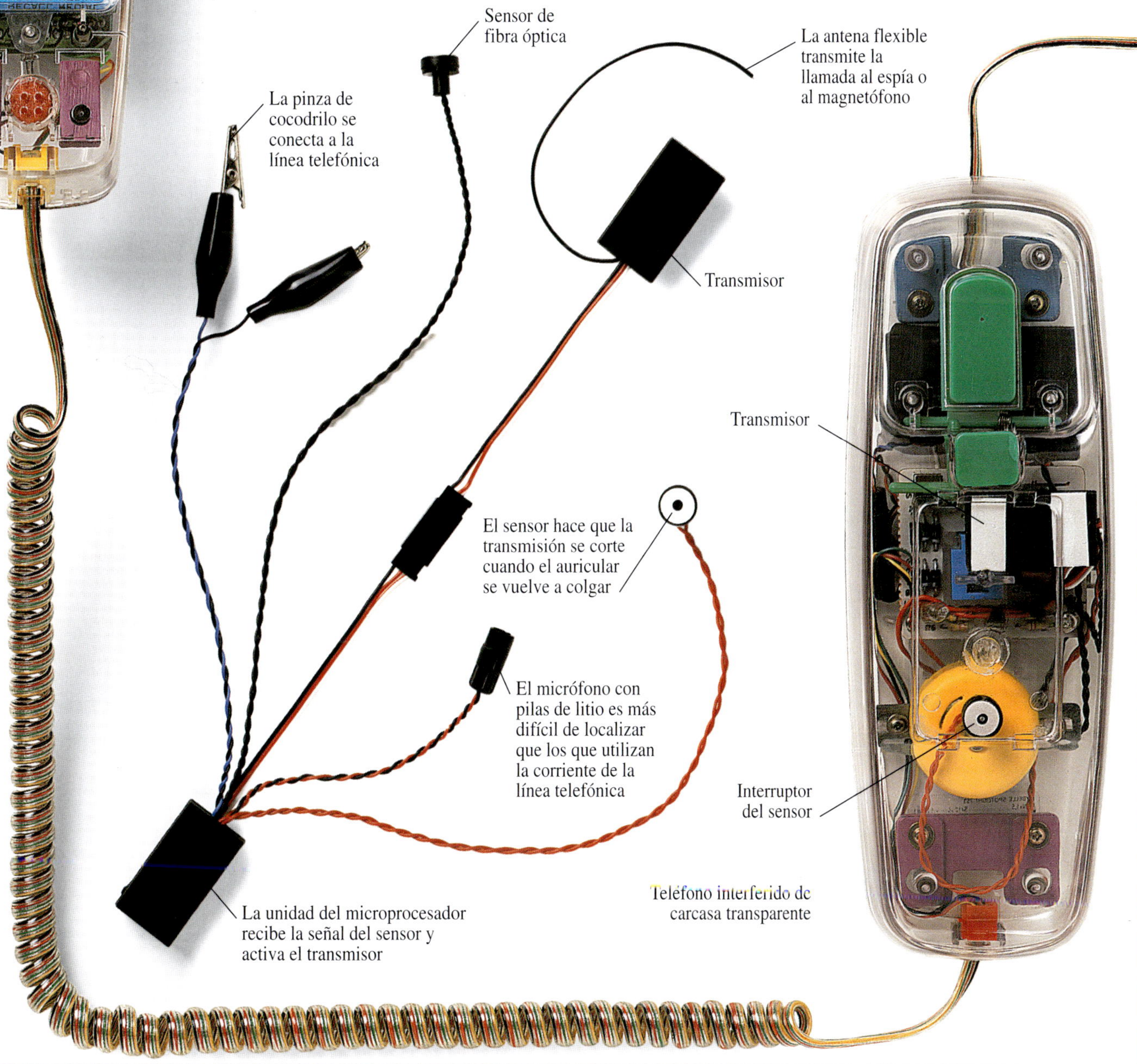

Teléfono interferido de carcasa transparente

Escuchas

Los micrófonos ocultos a veces no tienen un gran alcance. En una ciudad, un espía debe colocar el receptor a una distancia de entre 100 y 800m del micrófono para asegurar una buena recepción. Se pueden conseguir alcances mayores en zonas rurales, donde los edificios no obstruyen la señal y donde hay menos interferencias de otras frecuencias de radio. El lugar de escucha o estación receptora se puede situar en un edificio cercano o en un coche aparcado, o incluso en el bolsillo del espía. Si un agente ha organizado una cita con un contacto en la calle o en un parque el micrófono se puede ocultar entre la ropa. Los agentes de apoyo escuchan mediante auriculares inalámbricos.

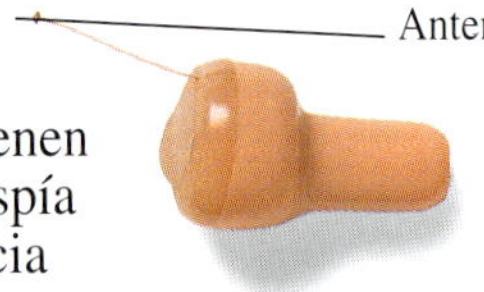

Antena diminuta

La camisa oculta el circuito de inducción

El receptor se puede ajustar para recibir las señales de dos micrófonos diferentes

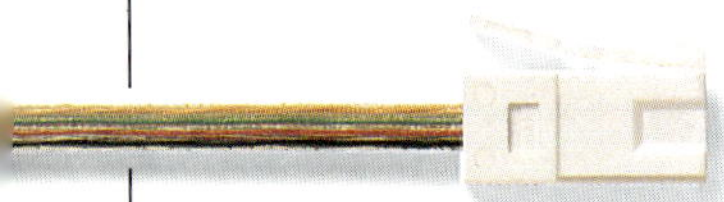

MICRO EN LA OREJA
Con una "corbata" de cable, un agente puede controlar un micrófono sin necesidad de usar auriculares, que podrían resultar sospechosos. El aparato de escucha se mete en la oreja y parece un audífono para sordos. El cable que rodea el cuello del agente crea un circuito de inducción: un campo magnético que transmite una señal amplificada desde un receptor de bolsillo al auricular.

La cinta graba de forma continua toda la conversación

Un control remoto situado en el micrófono detiene la cinta

PONTE LOS CABLES
Las señales de radio de un micrófono escondido en la ropa de un espía pueden alertar a los agentes de contraespionaje que manejen un equipo de detección de micrófonos ocultos (págs. 48-49). Una grabadora en miniatura resuelve el problema, ya que no envía ninguna señal de radio.

UNA MEJOR RECEPCIÓN
Aunque algunos receptores normales pueden recoger las señales de un micrófono oculto, las unidades especialmente diseñadas para ello suelen ser más prácticas y ofrecen una recepción de mayor calidad. Este modelo, que funciona con pilas, se conecta con un magnetófono portátil para realizar un control sin necesidad de personal. El agente que lo instalara para recibir las señales de un teléfono intervenido sólo necesitaría regresar de vez en cuando para cambiar las cintas.

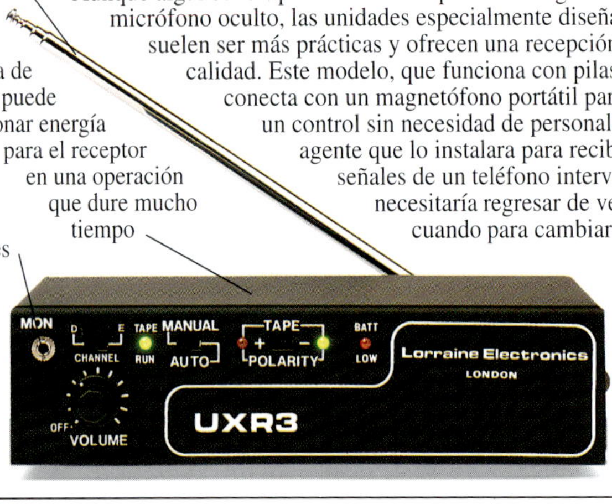

Antena telescópica

La batería de un coche puede proporcionar energía para el receptor en una operación que dure mucho tiempo

Enchufe para los auriculares

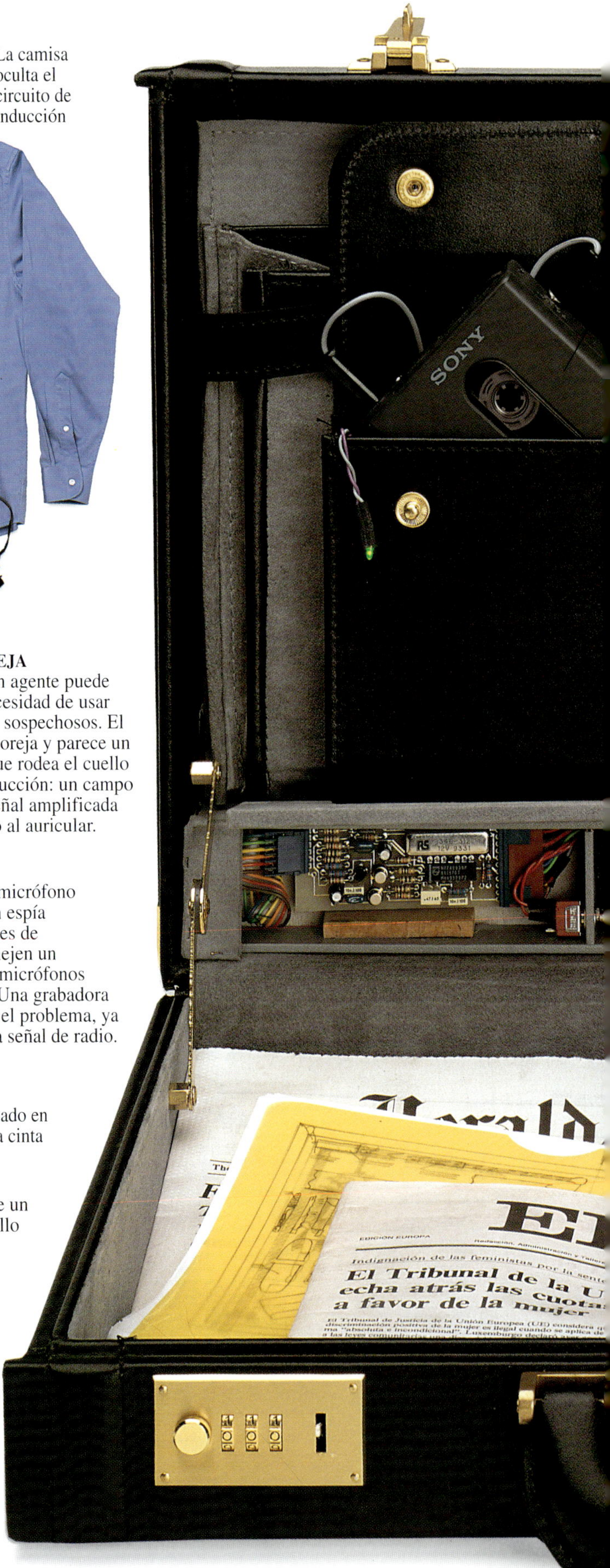

El maletín puede esconder un magnetófono

Esta pequeña grabadora parece un magnetófono portátil normal, pero ha sido modificada para proporcionar una mayor calidad de sonido

El micrófono oculto sólo mide 4mm de grosor y se puede esconder detrás de una tarjeta de crédito o entre las páginas de una agenda

OPERACIÓN DE VIGILANCIA
Los micrófonos ocultos se utilizan legalmente para investigar crímenes importantes o amenazas a la seguridad nacional. En la foto, el jefe de seguridad de una gran empresa estadounidense está escuchando una conversación sospechosa. Las leyes limitan el uso de las escuchas, pero algunos grupos de defensa de los derechos ciudadanos piensan que están poco controladas.

Los compartimentos de la base del maletín esconden las baterías y los transmisores electrónicos

Esta calculadora de bolsillo funciona normalmente, pero transmite la señal desde un micrófono muy sensible incluso aunque la calculadora esté funcionando

El bolígrafo contiene un micrófono diminuto

MALETÍN DE ESCUCHA
Controlar una reunión es algo habitual para espías políticos e industriales. Los hombres de negocios pueden tener muchas razones para grabar conversaciones: las cintas pueden llegar a ofrecer pruebas de competencia desleal o frustrar una adquisición de los rivales. Ocultar micrófonos en un maletín es una forma discreta de conseguir una grabación perdurable de los acuerdos hechos en voz baja. Los micrófonos en el interior de un maletín pueden alcanzar la voz desde el otro extremo de una sala. El maletín puede grabar la conversación o transmitirla a otro aparato situado en el exterior. Al tocar el cierre y un remache al mismo tiempo se activa el mecanismo. Un bolígrafo o una calculadora con micrófonos ocultos no llaman la atención sobre la mesa de una oficina y permiten al espía acercar el micrófono a las personas que están hablando.

Caídos del cielo

Las palomas mensajeras han participado de forma notoria en las actividades de información desde los inicios del espionaje. Con su valiosa carga de secretos de vital importancia, la paloma era el mensajero aéreo de un espía y podía sobrevolar el territorio enemigo. El general romano Julio César (100-44 a.C.) las utilizaba para enviar mensajes secretos durante las campañas que realizó en lo que hoy es Francia. Desde entonces, los espías han valorado la velocidad de las palomas y su capacidad para regresar a casa en casi cualquier condición climatológica. Más de medio millón de palomas transportaron mensajes durante la Primera Guerra Mundial. Algunas incluso trabajaron como espías: las palomas de reconocimiento llevaban cámaras diminutas para fotografiar las posiciones enemigas. En la Segunda Guerra Mundial los espías que localizaron las rampas de lanzamiento de las "bombas volantes" alemanas utilizaron palomas para enviar la información a las fuerzas aliadas, que bombardearon los emplazamientos.

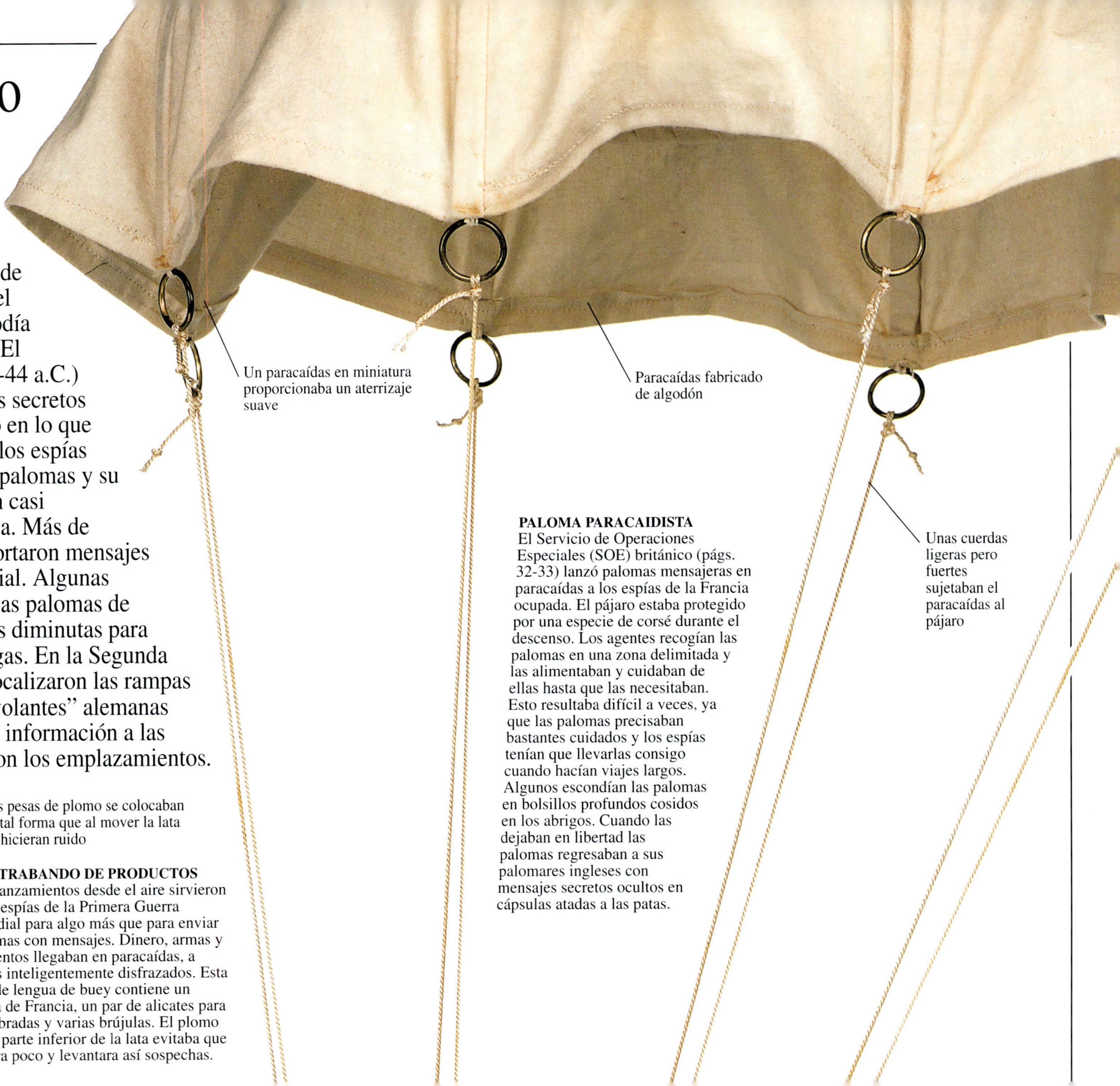

Un paracaídas en miniatura proporcionaba un aterrizaje suave

Paracaídas fabricado de algodón

Unas cuerdas ligeras pero fuertes sujetaban el paracaídas al pájaro

PALOMA PARACAIDISTA
El Servicio de Operaciones Especiales (SOE) británico (págs. 32-33) lanzó palomas mensajeras en paracaídas a los espías de la Francia ocupada. El pájaro estaba protegido por una especie de corsé durante el descenso. Los agentes recogían las palomas en una zona delimitada y las alimentaban y cuidaban de ellas hasta que las necesitaban. Esto resultaba difícil a veces, ya que las palomas precisaban bastantes cuidados y los espías tenían que llevarlas consigo cuando hacían viajes largos. Algunos escondían las palomas en bolsillos profundos cosidos en los abrigos. Cuando las dejaban en libertad las palomas regresaban a sus palomares ingleses con mensajes secretos ocultos en cápsulas atadas a las patas.

Las pesas de plomo se colocaban de tal forma que al mover la lata no hicieran ruido

CONTRABANDO DE PRODUCTOS
Los lanzamientos desde el aire sirvieron a los espías de la Primera Guerra Mundial para algo más que para enviar palomas con mensajes. Dinero, armas y alimentos llegaban en paracaídas, a veces inteligentemente disfrazados. Esta lata de lengua de buey contiene un mapa de Francia, un par de alicates para alambradas y varias brújulas. El plomo de la parte inferior de la lata evitaba que pesara poco y levantara así sospechas.

Alicates para cortar alambradas, doblados para que cupieran en la lata

Las brújulas eran de gran ayuda para los espías que se escapaban

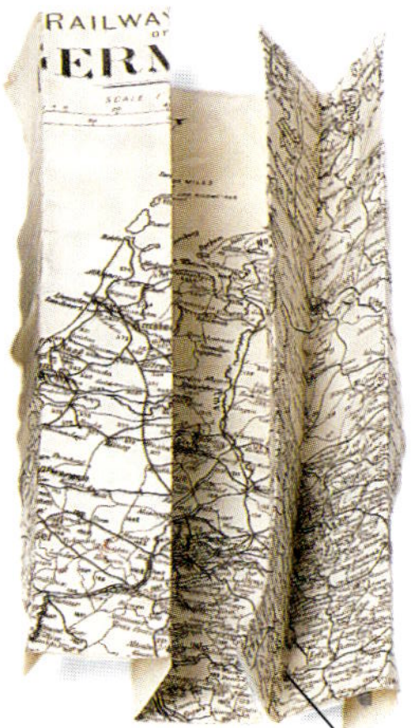

Mapa impreso en papel fino para que, una vez doblado, no ocupara apenas espacio

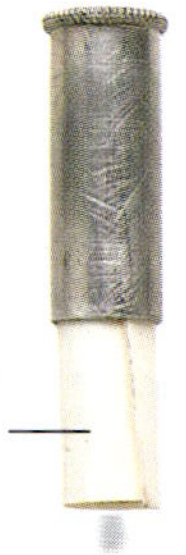

Mensaje enrollado dentro del cilindro

CÁPSULAS CON MENSAJES
En las dos Guerras Mundiales, las palomas transportaban mensajes secretos en cápsulas. Las francesas y alemanas estaban fabricadas de aluminio y las británicas, de un cartón especial. Las cápsulas iban atadas a las patas y los colores indicaban los destinatarios de los mensajes. Por ejemplo, el verde era para el mando de costas y el negro para el SOE (págs. 32-33).

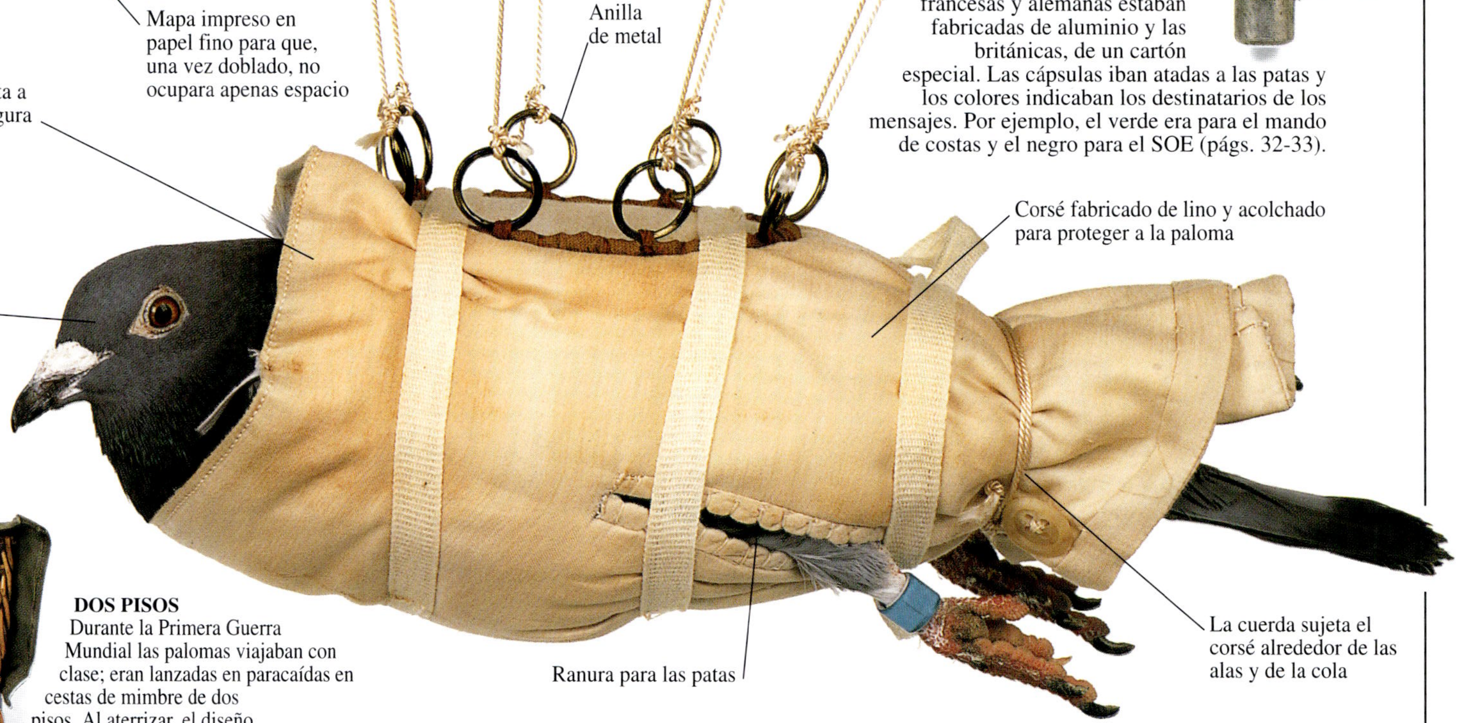

Anilla de metal

Los corsés mantenían quieta a la paloma de una forma segura

Los soldados que estaban en el frente de la Segunda Guerra Mundial tenían órdenes de disparar contra cualquier ave que pudiera ser una paloma mensajera

Corsé fabricado de lino y acolchado para proteger a la paloma

Ranura para las patas

La cuerda sujeta el corsé alrededor de las alas y de la cola

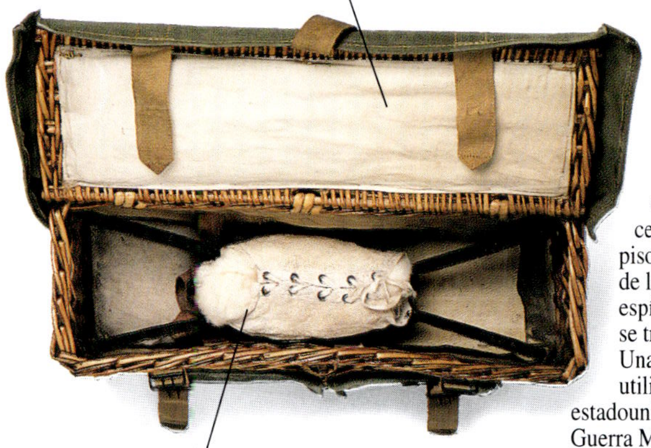

La tapa y los laterales de la cesta estaban acolchados para una mayor protección

Las aves viajaban en corsés suspendidos y acolchados

DOS PISOS
Durante la Primera Guerra Mundial las palomas viajaban con clase; eran lanzadas en paracaídas en cestas de mimbre de dos pisos. Al aterrizar, el diseño de las cestas permitía a los espías transportarlas como si se tratara de una mochila. Unas cestas similares utilizadas por los soldados estadounidenses en la Segunda Guerra Mundial disponían de espacio suficiente hasta para cuatro aves y la comida.

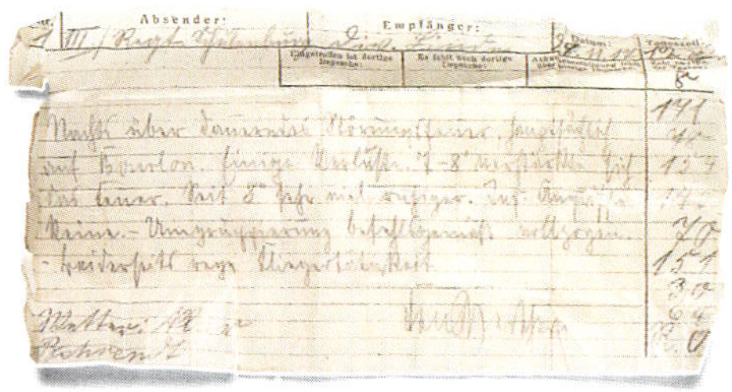

MENSAJES MINÚSCULOS
Las palomas sólo podían transportar cargas ligeras, así que los mensajes tenían que pesar poco. Este mensaje, en alemán, de la Primera Guerra Mundial está escrito en un impreso oficial de "correo para paloma" utilizado por el ejército alemán. Los mensajes más largos se podían microfilmar e incluso reducirlos mediante fotografías al tamaño de un micropunto (págs. 22-23) para que lo transportara la paloma mensajera.

Mensajes secretos

Los espías dependen de una comunicación segura y rápida. La velocidad es crucial porque la información pierde su valor rápidamente, y que sea secreta es esencial para proteger los mensajes enviados y al propio espía. La invención de la radio a comienzos de siglo mejoró la rapidez de tales comunicaciones, pero no la seguridad. Con las radios, los espías se podían comunicar a larga distancia casi inmediatamente. Pero cualquiera que sintonizara la misma frecuencia podía interceptar los mensajes radiados. Con dos receptores y una antena apropiada, los agentes de contraespionaje podían localizar el transmisor en cuestión de minutos y capturar al espía.

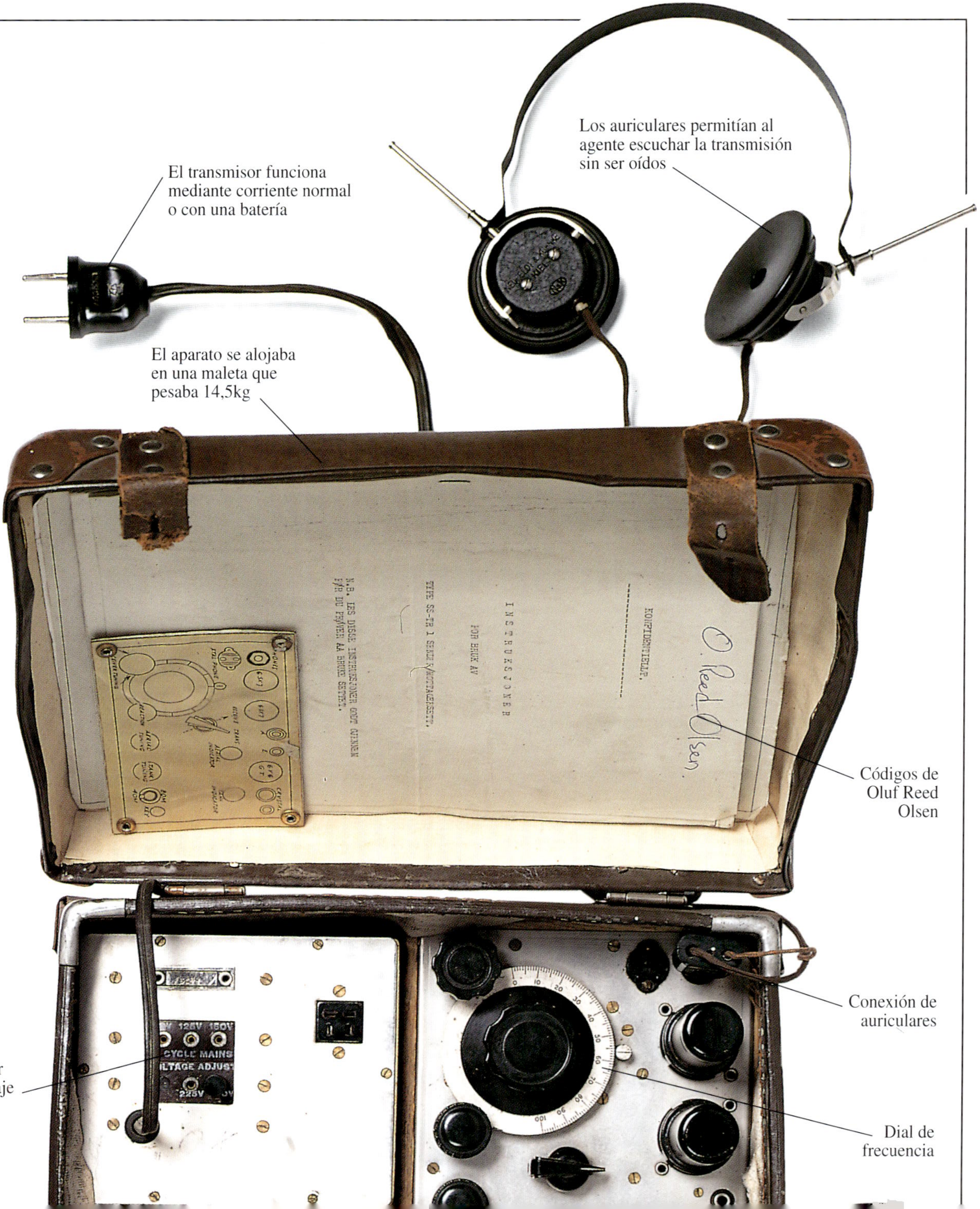

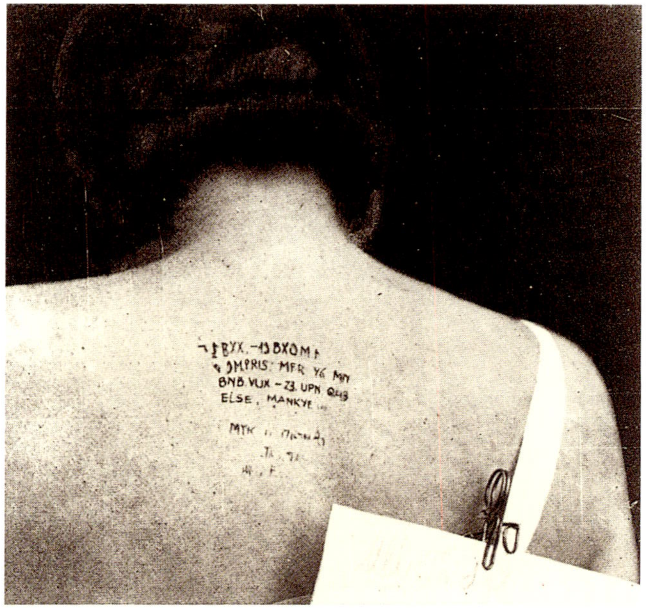

SEÑALES HUMANAS
Los espías a veces asumían riesgos desesperados para enviar la información. Esta correo belga de la Primera Guerra Mundial llevaba un mensaje escrito en la espalda con tinta invisible. Desgraciadamente la treta no salió bien: cuando la capturaron, descubrieron el mensaje y la ejecutaron.

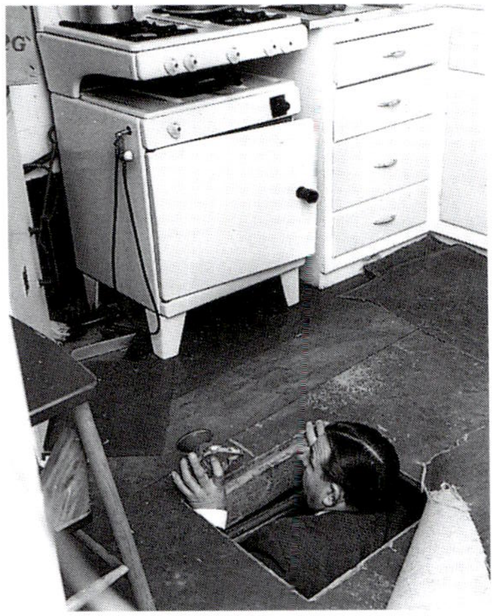

CONDENADOS POR RADIO

Peter y Helen Kroger escondían un transmisor de radio bajo el suelo de la cocina de su casa. Con él transmitieron secretos de los submarinos británicos a Rusia. Eligieron una casa en la zona oeste de Londres, cercana a tres aeropuertos concurridos, con la esperanza de que las comunicaciones entre los aviones y las torres de control hicieran pasar inadvertidas sus señales secretas. En su juicio, en 1961, la radio se utilizó como prueba.

Cámara de micropuntos (tamaño real)

MICROFOTOGRAFÍA

Las cámaras de micropuntos son fáciles de fabricar y suficientemente pequeñas para poder esconderlas. Sin embargo, la microfotografía es difícil de realizar. Los agentes tienen que ser muy cuidadosos con la exposición de la película y su revelado o resultaría imposible leer el micropunto.

MICROPUNTOS

La fotografía proporciona a los agentes una forma sencilla de mandar mensajes secretos. Al fotografiar un documento con una cámara especial, un espía puede producir un micropunto: un negativo que es 300 veces más pequeño que el original. Este mismo párrafo se puede reducir a un micropunto del tamaño de un punto y aparte. Y luego se puede esconder en una carta de apariencia totalmente inocente. El agente que recibe la carta puede leer todas las palabras del micropunto con la ayuda de un microscopio.

MICROPUNTOS
La fotografía proporciona a los agentes una forma sencilla de mandar mensajes secretos. Al fotografiar un documento con una cámara especial, un espía puede producir un micropunto: un negativo que es 300 veces más pequeño que el original. Este mismo párrafo se puede reducir a un micropunto del tamaño de un punto y aparte. Y luego se puede esconder en una carta de apariencia totalmente inocente. El agente que recibe la carta puede leer todas las palabras del micropunto con la ayuda de un microscopio.

El mensaje se puede reducir hasta que quede del tamaño de un punto y aparte.

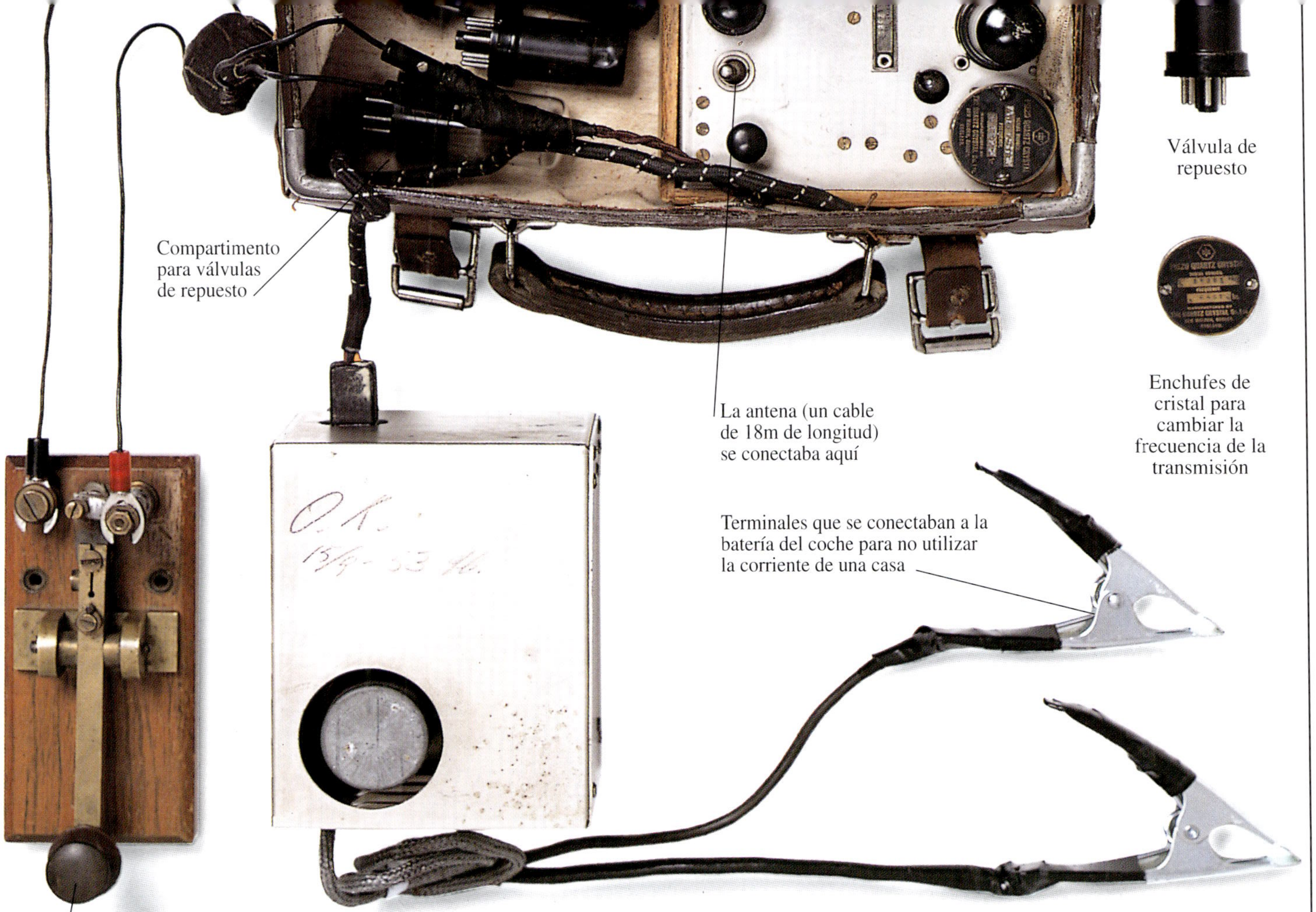

Compartimento para válvulas de repuesto

La antena (un cable de 18m de longitud) se conectaba aquí

Válvula de repuesto

Enchufes de cristal para cambiar la frecuencia de la transmisión

Terminales que se conectaban a la batería del coche para no utilizar la corriente de una casa

Con el interruptor manual se pueden transmitir mensajes codificados mediante señales largas y cortas de las ondas de radio

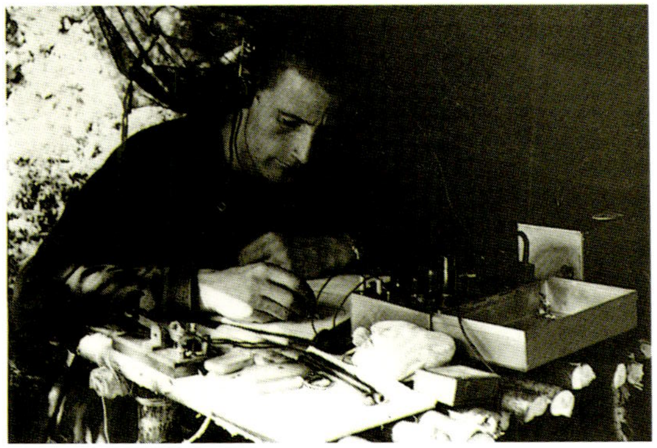

Oluf Reed Olsen utilizando el equipo de radio Mark II en su base camuflada en 1944

AGENTE SECRETO NORUEGO

Cuando el ejército alemán invadió Noruega, que era un país neutral, en 1940, Oluf Reed Olsen salió del país en un barco de vela. Al llegar a Gran Bretaña, se entrenó como operador de radio y volvió a Noruega en 1943. Los espías de la base naval de Kristiansand le dieron detalles sobre los movimientos de barcos alemanes. Olsen codificó los mensajes y los transmitió a Gran Bretaña desde una cabaña camuflada entre los árboles cerca del puerto de Kristiansand. Utilizó el equipo de radio que se muestra aquí. La clave de los mensajes se consideraba invulnerable, ya que estaba basada en conjuntos de números aleatorios y sólo disponían de una copia de ella el MI6 y Reed Olsen.

MENSAJE CIFRADO SENCILLO
Los mensajes cifrados no tienen por qué ser complicados si lo que importa es ocultar su significado a quienes los miran desinteresadamente. Esta graciosa figura de la Primera Guerra Mundial forma la palabra "Ypres" (un lugar de Francia en el que se libró una famosa batalla) y la fecha, el "8".

Códigos y mensajes cifrados

LOS AGENTES DE ESPIONAJE utilizan códigos para comunicarse y mensajes cifrados para enviar secretos. En un código, las letras, los números o los símbolos reemplazan las palabras de un mensaje. Algunos códigos son de uso generalizado. Por ejemplo, al escribir el código postal en una carta, estamos indicando una zona. Los espías a veces envían mensajes en código morse: puntos y rayas que todos los operadores de radio entienden. Otros códigos son muy complicados y difíciles de averiguar. Los mensajes cifrados son parecidos a los códigos pero poseen una clave secreta para cifrar el mensaje. La clave puede ser un número, una palabra o incluso un poema. Cualquiera que posea la clave puede descifrar el mensaje fácilmente: traducirlo a un texto de palabras. Sin saber la clave el mensaje no tiene sentido.

DISCO PARA CIFRAR MENSAJES
Este disco metálico, inventado en 1802, mide menos de 6cm de diámetro. Los dos círculos interiores giran para poder alinearlos con las letras y los números de los dos círculos exteriores. Esto produce una clave simple de sustitución, bastante fácil de descubrir, en la que cada letra sustituye a otra, por ejemplo siempre que aparece la letra "W" representa la "E".

El código era diminuto para que Yvonne Cormeau pudiera esconderlo fácilmente

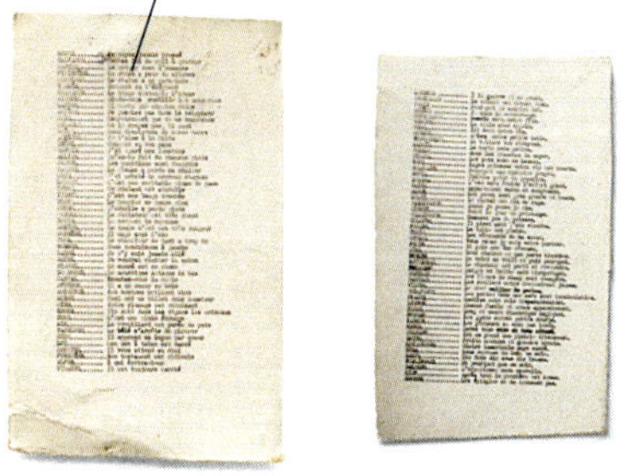

TABLAS DE CÓDIGOS
Gracias a tablas como ésta los mensajes cifrados eran fáciles de escribir y difíciles de descifrar. Estas tablas de códigos estaban escondidas en la bolsa de la operadora de radio Yvonne Cormeau en la Segunda Guerra Mundial (págs. 32-33). Con una tabla para transmisiones en morse, por ejemplo, cada vez que aparecía la letra "E" era reemplazada por una letra diferente.

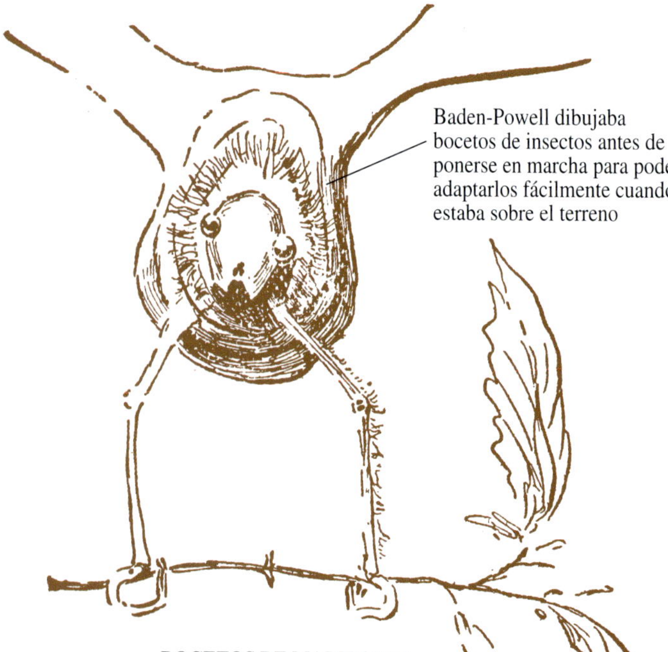

BOCETOS DE MARIPOSAS
El excéntrico espía inglés Robert Baden-Powell (1857-1941) se disfrazó de cazador de mariposas para una de sus misiones de información en Montenegro, en la costa del mar Adriático. Durante su estancia allí, dibujó este espécimen de polilla posada en una ramita.

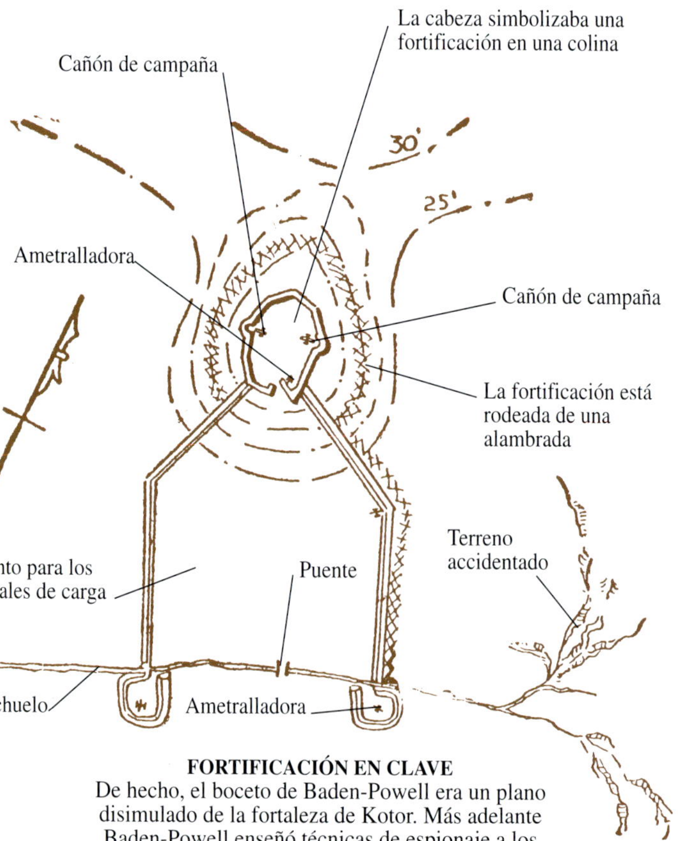

FORTIFICACIÓN EN CLAVE
De hecho, el boceto de Baden-Powell era un plano disimulado de la fortaleza de Kotor. Más adelante Baden-Powell enseñó técnicas de espionaje a los niños del movimiento de Boy Scouts que él mismo creó en 1908.

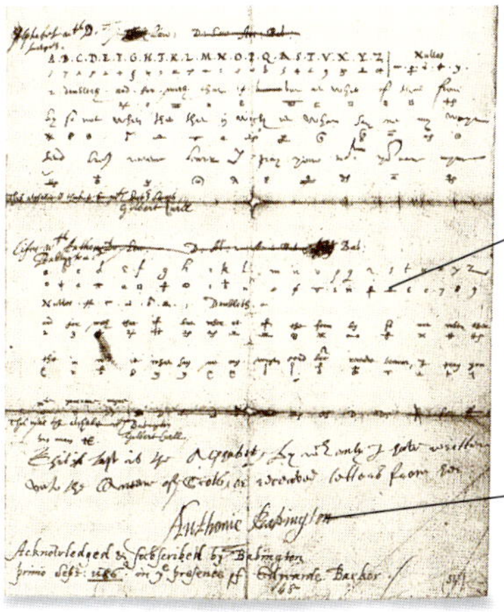

En la tapa se guardaban las bombillas de repuesto

Los números que aparecían entre los símbolos representaban los nombres de personas

Carta codificada firmada por Anthony Babington, conspirador de una trama para asesinar a la reina Isabel I

CLAVE REAL
María Estuardo, Reina de Escocia (1542-87) escribía mensajes codificados a sus aliados del exterior de la prisión (págs. 28-29). Utilizaban una clave de sustitución, en la que el mismo símbolo aparecía siempre sustituyendo a la misma letra, por lo que era muy fácil de descifrar.

CODIFICACIÓN ACELERADA
La máquina de codificar *Enigma* fue utilizada por los soldados alemanes (foto superior), diplomáticos y espías en los años 30 y durante la Segunda Guerra Mundial. Las señales desconcertaron a los criptoanalistas o expertos en codificación enemigos que las interceptaron e intentaron descubrir su código. El servicio secreto polaco, con la ayuda de un espía reclutado en la oficina de codificación alemana, fue capaz de interpretar tres cuartas partes de los mensajes de Enigma en 1938 y en 1939 y pasó estos conocimientos a Francia y Gran Bretaña.

En la tapa había ventanillas con letras tras las cuales se encendían bombillas para indicar el símbolo cifrado

Las posiciones de los rotores determinaban la codificación de cada letra

Los rotores giraban después de cada letra para asegurarse de que el modelo de codificación nunca se repitiera

El mensaje codificado se tecleaba

La conexión de los enchufes hacía que la codificación fuera aún más complicada

La mezcla de engranajes y enchufes ofrecía billones de posibilidades combinatorias

ENIGMA EN FUNCIONAMIENTO
Tras conectar los enchufes y tres o cuatro engranajes, la codificación en Enigma era automática. Apretando una tecla se encendía una diferente en el panel de visualización. La letra codificada era diferente en cada ocasión. La descodificación de un mensaje en una máquina Enigma, revertía el procedimiento. En principio, los mensajes codificados eran imposibles de leer sin saber la posición de los rotores y de los enchufes. Pero esa información junto con una máquina Enigma auténtica suministrada por el servicio secreto polaco ayudaron a Gran Bretaña a descubrir la mayoría de las claves de Enigma en una operación que se llamó "Ultra" y que permaneció secreta hasta 1972.

CRIPTÓGRAFOS EN EL TRABAJO
El centro de descodificación de Gran Bretaña durante la Segunda Guerra Mundial se encontraba en Bletchley Park, cerca de Londres. Trabajaban más de 5.000 personas, que descifraban hasta 2.000 criptogramas cada día.

Interceptar y descifrar

LAS CLAVES CONTRIBUYEN a proteger los mensajes secretos pero no ocultan el significado por completo. Al igual que en un rompecabezas de palabras, el sentido del mensaje permanece en su interior. Un enemigo que intercepte la señal intentará averiguar la clave. Las agencias de espionaje dan trabajo a los descifradores llamados criptoanalistas para desempeñar esta tarea. Con una clave de sustitución (págs. 24-35), un criptoanalista comienza por contar las letras. En español, la letra "E" es la más utilizada. Así, si en el mensaje la letra más repetida es "W", probablemente signifique "E". El siguiente paso es buscar palabras de dos letras que contengan la letra "E" como por ejemplo de, el, le, etc. A continuación los criptoanalistas buscarán palabras de una letra, como "a", "y", etc. Con técnicas como éstas y otras más complicadas, los criptoanalistas pueden resolver los criptogramas o mensajes cifrados. Los ordenadores aceleran el proceso, pero los criptoanalistas tienen que tener mucha paciencia. De todas formas muy pocos tienen la paciencia del árabe que, en el siglo XVII, descifró un mensaje para el sultán de Marruecos. Tardó 16 años.

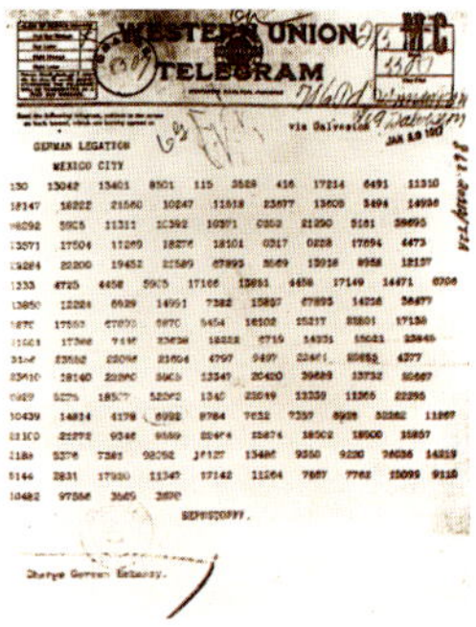

EL TELEGRAMA DE ZIMMERMANN
Este telegrama, que había sido enviado por los alemanes a su embajador en México, fue descifrado en Gran Bretaña en 1916. Sugería que México se aliara con Alemania y que invadiera tres estados del sur de EE UU. La interceptación del telegrama fue uno de los acontecimientos de espionaje más importantes de la guerra. Los sorprendidos estadounidenses se unieron en seguida a Gran Bretaña en la Primera Guerra Mundial.

Los inventores polacos pusieron el nombre de "Bombón" a la máquina, ya que era el nombre del helado que comían por aquel entonces

Las mujeres pertenecientes a la Armada eran las operarias de las máquinas

COMO UN "BOMBÓN"
Los criptoanalistas del centro descodificador de Bletchley Park utilizaron las primeras computadoras para descifrar claves y códigos. En dos horas, una "bombón" podía comprobar todas las combinaciones de los rotores de la máquina Enigma, utilizada por los alemanes hasta 1938. Una máquina posterior apodada Coloso, fue la precursora de los ordenadores programables de hoy día.

"Bombón" se detenía cuando conseguía descifrar la clave o el código

El ataque fue por la noche, mientras los soldados dormían en las literas

Los sorprendidos técnicos de EE UU creían que los planes japoneses eran sólo ejercicios de entrenamiento

La aviación japonesa bombardeó Pearl Harbor el 7 de diciembre de 1941

LA PREDICCIÓN DE PEARL HARBOR

Al descifrar el código de Púrpura (a la derecha), los expertos estadounidenses predijeron un ataque japonés el 7 de diciembre de 1941, pero no pudieron averiguar ni el sitio ni la hora. Los espías Richard Sorge (págs. 34-35) y Dusko Popov (págs. 56-57) también habían avisado de un posible ataque aéreo. Los políticos de EE UU decidieron no hacer nada y el sorprendente y devastador ataque tuvo lugar en Pearl Harbor, en Hawai. En el ataque murieron 2.300 estadounidenses y tuvo unas consecuencias devastadoras para la Armada estadounidense, además de provocar la entrada de EE UU en la Segunda Guerra Mundial.

LA MÁQUINA PÚRPURA

Al igual que Enigma (págs. 24-25) la máquina codificadora japonesa "Púrpura" utilizaba un tablero con enchufes para crear un gran número de claves posibles. Sin embargo, Púrpura utilizaba interruptores telefónicos en lugar de los rotores de la Enigma. Un equipo de criptoanalistas de EE UU, entre los que se encontraba William Friedman (foto inferior izquierda) rompió la clave, fabricando una réplica del mecanismo.

MARIDO Y MUJER EN EQUIPO

El estadounidense nacido en Rusia, William F. Friedman (1891-1969) dirigió el equipo del servicio de inteligencia de señales del ejército estadounidense que descifró la clave de la máquina japonesa Púrpura. Friedman trabajó como criptoanalista durante las dos guerras mundiales. En los años 20, su mujer Elizabeth descifró los códigos de los contrabandistas de alcohol durante la época de la prohibición en EE UU.

AMERICAN COMMISSION TO NEGOTIATE PEACE

PASS No. 92

Permit Bearer YARDLEY, H.O., Capt.

To enter HOTEL CRILLON,
4 PLACE DE LA CONCORDE

OFFICIAL — AMERICAN COMMISSION TO NEGOTIATE PEACE

Signature of Bearer H. O. Yardley

R. H. Van Deman
R. H. VAN DEMAN
Colonel, General Staff
U. S. A.

CRIPTOANALISTA PIONERO

Herbert Osborne Yardley (1889-1958) fue un destacado criptoanalista y uno de los primeros en descifrar mensajes para EE UU durante la Primera Guerra Mundial y posteriormente. Organizó la unidad estadounidense conocida como "Cámara oscura" para descifrar la información de los servicios de inteligencia extranjeros. Sus trabajos en los años 20 fueron utilizados más tarde para descifrar la clave de Púrpura.

Pase de seguridad de Herbert Yardley

EL CADÁVER DEL "SOLDADO"

En 1943, llegó a la costa de España el cuerpo de un comandante británico. La documentación que se le encontró describía los planes de los aliados para atacar Grecia y Cerdeña y las tropas alemanas se dirigieron inmediatamente hacia allí. En realidad, el "Comandante Martin" era un civil que había muerto de una neumonía. Los responsables del espionaje habían vestido su cuerpo con un uniforme militar y lo habían arrojado desde un submarino cerca de la costa española. Los alemanes cayeron en la trampa y al trasladar sus tropas dejaron pocos soldados en Sicilia, que era el objetivo real de los aliados.

Los resguardos de la entradas de teatro daban mayor verosimilitud a los papeles del comandante

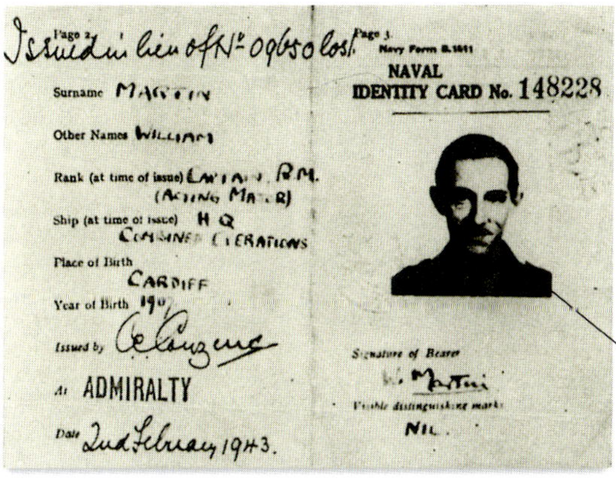

Issued in lieu of No 09650 lost.

Page 2 — Page 3 — Navy Form S.1411

NAVAL IDENTITY CARD No. 148228

Surname MARTIN

Other Names WILLIAM

Rank (at time of issue) CAPTAIN, RM. (ACTING MAJOR)

Ship (at time of issue) H Q COMBINED OPERATIONS

Place of Birth CARDIFF

Year of Birth 1907

Issued by [signature]

At ADMIRALTY

Date 2nd February 1943.

Signature of Bearer W. Martin

Visible distinguishing marks NIL.

El falso carnet de identidad del "Comandante Martin" colocado por los agentes de espionaje

Fotografía de una persona viva que se parecía al "Comandante Martin"

Escondites y disfraces

ANILLO DE ESPÍA
Los micropuntos (págs. 20-21) reducen los documentos al tamaño de un punto y aparte. En la Segunda Guerra Mundial, los agentes británicos los ocultaban en este anillo hueco.

LA CAPA Y EL PUÑAL son los símbolos tradicionales de un agente secreto. El espía oculta el puñal, la marca del asesino, bajo la capa, que representa el secreto, el disfraz y la ocultación. Los espías del pasado podían ponerse rápidamente una capa para ocultar su identidad. Algunos elegían disfraces más exóticos: el caballero d'Eon, agente de Luis XV, se disfrazó de mujer durante muchos años. Para los espías modernos, el disfraz es igual de necesario, pero mucho más sutil. En la actualidad los agentes tratan de parecer personas normales e intentan pasar inadvertidos entre la multitud. También utilizan objetos de apariencia normal como escondites. Un mensaje secreto escondido en una pila que funciona normalmente está a salvo incluso de una observación minuciosa. Miniaturizando los mensajes, los espías pueden esconderlos en objetos aún más pequeños. Las cosas grandes son más difíciles de ocultar. Pero un espía ingenioso y decidido es capaz de ocultar equipo pesado, motores de tanques o incluso personas secuestradas.

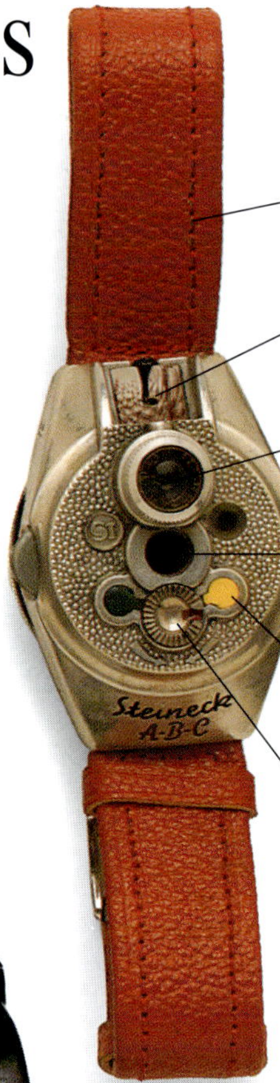

SONRÍA, POR FAVOR
Las cámaras de "detective" disfrazadas de libros, sombreros y corbatas aparecieron por primera vez en la década 1880-90. En 1893 los espías sacaban fotos con cámaras que parecían relojes de bolsillo. Ésta cámara-reloj es de 1948. En el disco de película de 25mm de diámetro se pueden hacer ocho fotos, cada una del tamaño de una uña.

BARRIL DE CERVEZA REAL
La reina de escocia María I Estuardo (1542-87) que fue encarcelada por la reina de Inglaterra Isabel I, pasaba mensajes a sus seguidores en los barriles de cerveza. Envolvía los documentos cifrados en un bolsa impermeable, probablemente una vejiga animal. Después metía la bolsa por el agujero en el barril. Las respuestas viajaban de la misma forma hasta su prisión. Su "correo", un agente doble, que se llamaba Gilbert Gifford, puso al descubierto toda la trama (págs. 42-43)

María Estuardo

INTERCAMBIO DE MENSAJES
Muchos espías dejan sus mensajes en lugares preestablecidos. Dejar un mensaje dentro de una cuña en un lugar convenido es más seguro que encontrarse con otro agente.

PILAS INCLUIDAS
Este ingenioso escondrijo parece una pila normal, y otra pila más pequeña escondida en su interior proporciona suficiente energía como para encender una bombilla. Sin embargo, posee un compartimento secreto en la base.

Dukes disfrazado de camarada Piotrovsky

Dukes disfrazado de intelectual enfermizo

Dukes disfrazado de trabajador barbudo

Dukes disfrazado de enfermo de epilepsia

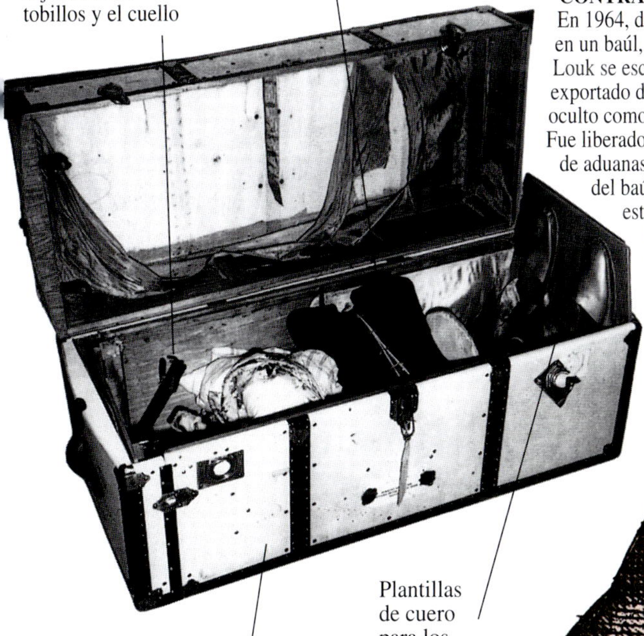

CÓMO PASAR UN ESPÍA DE CONTRABANDO

En 1964, drogado y empaquetado en un baúl, el israelí Mordecai Louk se escapó por poco de ser exportado desde Roma a El Cairo oculto como "valija diplomática". Fue liberado cuando un guardia de aduanas oyó un ruido dentro del baúl. Louk había estado espiando en Italia para los egipcios.

AGENTE ST 25

Paul Dukes se convirtió en un experto en disfraces durante el periodo en que fue jefe del espionaje británico en Rusia. Estaba en Moscú en 1917, cuando la revolución llevó a los comunistas al poder. Asediado por la Cheka (policía secreta) Dukes se transformó descaramente en el camarada Piotrovsky, oficial de la Checa. Para los británicos, era el "Agente ST 25".

Grabado contemporáneo del caballero d'Eon

UNA MUJER ESQUIVA

El caballero d'Eon (1728-1810) fue un excelente ganzúa y abogado. Comenzó su carrera como espía para el rey francés Luis XV en 1756. Se hizo pasar por una mujer tímida en la corte rusa para ganarse la confianza de la emperatriz y también trabajó como agente doble para los británicos. Vivió en Londres como mujer y al morir, mucha gente se llevó una gran sorpresa al conocer su verdadera identidad.

Espías en la guerra

Los ejércitos confían para sus avanzadas en soldados expertos que exploren las tierras por delante y que evalúen las fuerzas del enemigo. Pero no todos son espías. Algunos son exploradores bien reconocibles y que llevan uniforme del ejército. Si les atrapan, pasan el resto de su vida en prisión. Sin embargo los espías en tiempos de guerra se disfrazan para evitar ser capturados y consiguen las informaciones de forma secreta. Así que cualquiera que sea atrapado en territorio enemigo con ropas de civil puede ser considerado un espía y el castigo, normalmente la ejecución, es inmediato. A pesar de esta severa pena, ha habido espías en casi todas la guerras. El rey alemán del siglo XVIII, Federico el Grande, incluso se jactaba de todos los que empleaba. Burlándose de un jefe francés que alardeaba de ser buen gastrónomo, hizo el chiste: "A él le siguen cien cocineros... pero delante de mí van cien espías".

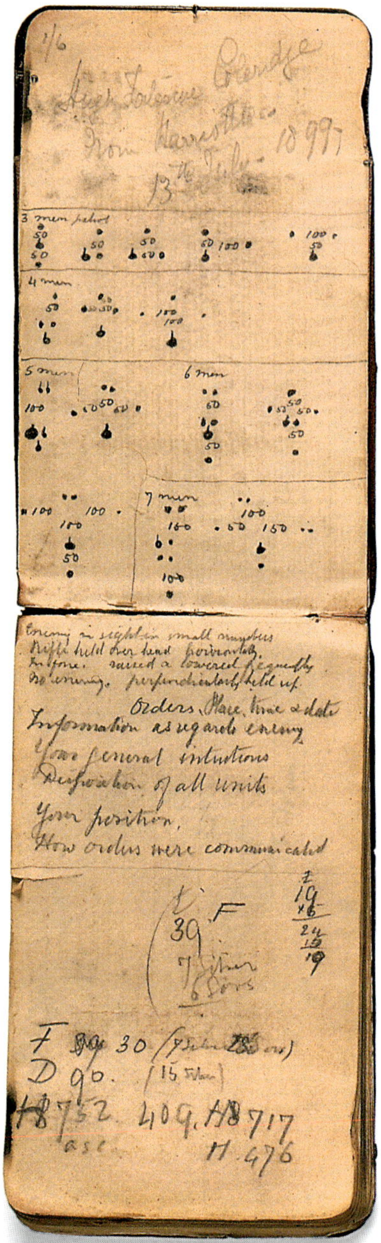

Diario del comandante Coleridge, 13 de julio 189

BELLEZA SUREÑA
Muchas mujeres trabajaron de espías en la Guerra de Secesión de EE UU (1861-65) y Belle Boyd (1844-1900) se convirtió en una de las agentes confederadas (del sur) más famosas. Averiguó secretos militares de los oficiales unionistas (del norte) que se alojaban en su casa de Virginia y se enfrentó a los disparos para contárselos a los líderes confederados. Después de ser capturada y más tarde liberada en un intercambio de prisioneros, fue recibida como una heroína en el sur.

MUERTE DE UN ESPÍA
El comandante John André (1751-80) fue colgado por espía durante la Revolución de EE UU (1775-83). Había ido para encontrarse con el traidor Benedict Arnold (1741-1801), jefe de West Point, un fuerte que protegía el valle del río Hudson. Arnold quería entregar el fuerte a los británicos y le dio a André los detalles del plan. El barco que iba a llevar a André de vuelta con el ejercito de Gran Bretaña fue alcanzado por proyectiles y partió sin él. André se disfrazó de civil, pero fue capturado por la milicia estadounidense con los papeles secretos ocultos en las botas. El espía británico fue colgado en 1780.

DETECTIVE Y JEFE DE ESPÍAS
Cuando la Guerra de Secesión dividió Estados Unidos, Abraham Lincoln pidió los servicios de un detective privado que consiguiera información para el ejército de la Unión. La elección parecía inevitable: el escocés Allan Pinkerton (1819-84), jefe de la famosa agencia de detectives del mismo nombre, que ya había frustrado un intento de asesinato del presidente Lincoln. Desgraciadamente Pinkerton no era un gran experto en guerras y sus agentes actuaban a veces con torpeza y otras tenían miedo. Dimitió como jefe del espionaje de Lincoln en 1862.

Bala hueca utilizada por el comandante Coleridge para ocultar sus mensajes

LA GUERRA DE LOS BÓERS
En la guerra de los bóers (1899-1902) las fuerzas británicas luchaban para controlar las granjas y el oro de lo que en la actualidad es Suráfrica. Sus enemigos, los afrikaners o bóers, eran descendientes de los colonizadores holandeses blancos. El comandante Coleridge se encontraba entre los que espiaban para los británicos, y sus diarios (a la izquierda) contenían los detalles de la defensa bóer. El servicio de inteligencia británico no se dio cuenta del valor de la información que un espía como Coleridge estaba aportando, y él tuvo que suplicar que le enviaran más dinero para poder seguir trabajando (abajo).

ATRAPADOS EN EL CÓMIC
Durante la Primera Guerra Mundial (1914-18), los espías normalmente operaban lejos del frente de batalla, en países neutrales como Suiza y Holanda. Pero de todas formas, el miedo generalizado a los espías y sus proezas inspiró muchos cómics. Este ejemplo tan colorista muestra un espía alemán capturado por las tropas francesas.

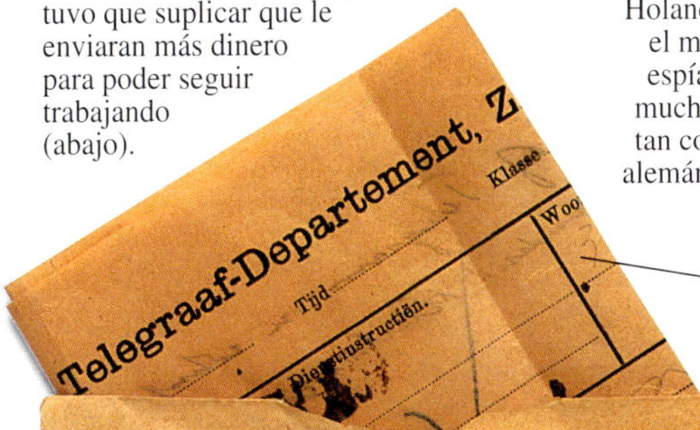

Coleridge envió este telegrama pidiendo más dinero en 1900

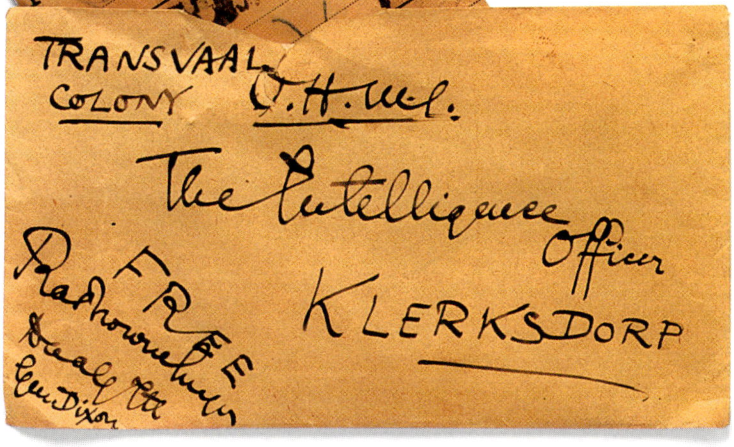

La francesa Violette Szabo fue la mejor colaboradora del Servicio de Operaciones Especiales de Gran Bretaña

COMANDO INTRÉPIDO
La única cualificación de Violette Szabo cuando solicitó ser espía británica en la Segunda Guerra Mundial (1939-45) era su habilidad con el rifle: en muchas casetas de Londres le tenían prohibida la entrada porque siempre daba en el blanco. Se convirtió en espía para vengar la muerte de su marido Etienne (parte superior), que murió luchando con los británicos en el norte de África y fue admirada por sus compañeros por su valor y determinación. Fue capturada tras un tiroteo en la segunda misión que realizó con el SOE en Francia, mientras saboteaba las líneas telegráficas. Violette Szabo fue ejecutada en un campo de prisioneros alemán.

Lincoln (en el centro) también destituyó a su general

El 17 de septiembre de 1862, 12.000 soldados de la Unión murieron en la batalla de Antietam. Esto se debió en gran parte a la mala actuación de los servicios de información y Pinkerton dimitió

DEMASIADO BUENO PARA SER VERDAD
El agente más astuto de la Segunda Guerra Mundial, conocido como "Cicerón", fue un excelente espía para Alemania. Era de Albania y su nombre verdadero era Elyesa Bazna. Mientras trabajaba como ayudante del embajador británico en Turquía, abrió la caja de seguridad de la embajada y fotografió los códigos secretos, las listas de espías británicos y los planes aliados para invadir Europa. Pero estos documentos eran tan secretos que los mandos alemanes no creyeron que fueran auténticos e ignoraron las informaciones de Cicerón. Aún así, le pagaron una gran fortuna en billetes de banco... pero todos eran falsos.

Tapaderas

DISFRAZADA DE ENFERMERA INFANTIL, "Annette" atraviesa un control de carreteras en plena guerra en el suroeste de Francia. "Annette", que en realidad es la operadora de radio Yvonne Cormeau, tiene una "tapadera" bien inventada, que evita su captura durante un año y le permite transmitir más de 400 mensajes cifrados. Durante la Segunda Guerra Mundial, las vidas de muchos agentes secretos dependían de sus "tapaderas": pasados inventados que ocultaban su verdadera personalidad. En Gran Bretaña, los agentes del SOE (Servicio de Operaciones Especiales) tenían que aprenderse las vidas falsas de memoria. A continuación el SOE traladaba a los agentes a Francia, en paracaídas o en pequeñas barcas.

PÍLDORA AMARGA
Todos los agentes del SOE llevaban consigo una píldora de suicidio que les mataba en cinco segundos. Ningún agente llegó a utilizarla.

Caja de cerillas francesa falsificada

REGALO DE DESPEDIDA
Los agentes del SOE recibían un regalo valioso como esta cigarrera de plata antes de salir a una misión. El regalo se podía utilizar como soborno si eran atrapados por un oficial corrupto.

AUTODEFENSA
Los agentes, hombres y mujeres, aprendían técnicas de asesinatos silenciosos y todos llevaban cuchillos para poner en práctica esas técnicas si era necesario.

TIEMPO VITAL
No ser puntuales significaba peligro. Los agentes cautos no esperaban más de unos minutos en una cita.

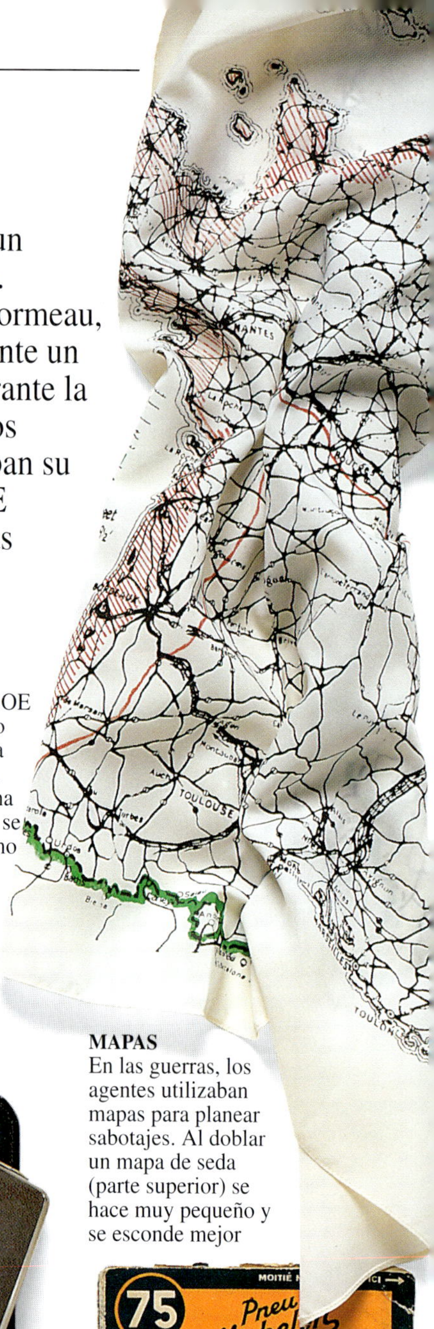

MAPAS
En las guerras, los agentes utilizaban mapas para planear sabotajes. Al doblar un mapa de seda (parte superior) se hace muy pequeño y se esconde mejor

MANIPULADOR REDUCIDO
Un manipulador del código Morse era lo suficientemente pequeño como para esconderlo en el bolso

Cartera

Polvera

Espejo

Tablas de claves

BOLSO CON ESCONDITE
Entre el forro interior y el cuero exterior del bolso de Yvonne Cormeau se encontraba el compartimento secreto donde escondía las tablas de claves (págs. 24-25) y un horario de transmisiones.

ENCHUFAR Y SINTONIZAR
Yvonne Cormeau llevaba varios cristales. Podía cambiarlos para sintonizar su aparato con la frecuencia de radio adecuada.

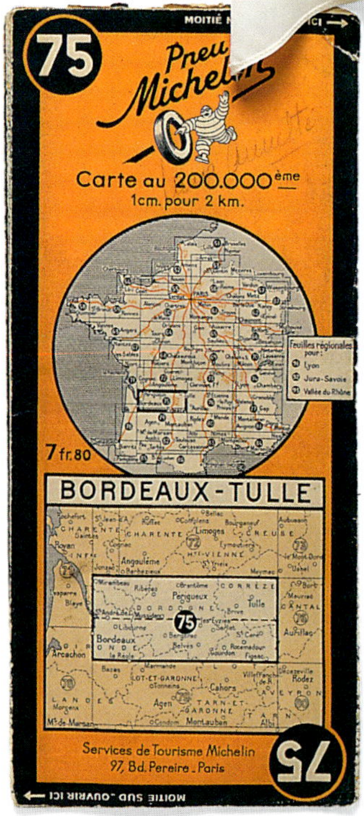

Todos los detalles de la vestimenta reforzaban la “tapadera”. Una agente que se hiciera pasar por oficinista llevaría un sombrero sencillo y barato como éste

Las ropas tenían que tener el mismo estilo que la ropa francesa de los años 40

El SOE tenía mucho cuidado de que las ropas de los agentes que enviaba a territorio enemigo no tuviera ninguna etiqueta inglesa

El vestido de Yvonne Cormeau estaba fabricado con tela de algodón ligero

La cartera de cuero desgastado de Yvonne Cormeau

La cartera hacía juego con uno de los disfraces de Yvonne Cormeau: el de enfermera de barrio

YVONNE CORMEAU, OPERADORA DE RADIO
Muchos de estos objetos pertenecieron a Yvonne Cormeau, la agente del SOE cuyo nombre clave era “Annette”. Entró en Francia con paracaídas la noche del 22-23 de agosto de 1943 y trabajó como operadora de radio. Su naturaleza precavida impidió que fuera capturada hasta que las fuerzas aliadas liberaron Francia en 1944. En una ocasión reconoció a otro agente en un tren pero resistió la tentación de hablar con él: sabía, porque se lo habían enseñado, que si el otro estaba bajo sospecha, los capturarían a los dos. Por otro lado, Yvonne Cormeau sabía cuando merecía la pena arriesgarse. Aunque la mayoría de los operadores de radio movían sus equipos de radio cada día para evitar ser atrapados, ella se sintió segura transmitiendo desde la misma casa durante seis meses. Desde la ventana podía ver las furgonetas de interceptación a 5km de distancia antes de que llegaran.

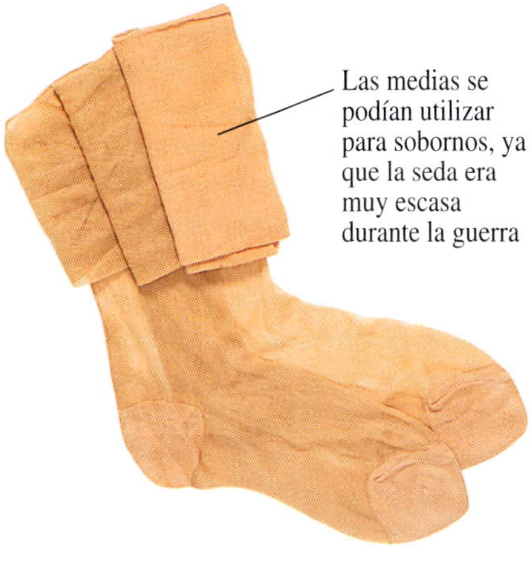

Las medias se podían utilizar para sobornos, ya que la seda era muy escasa durante la guerra

Zapatos de ante

Agentes dobles y desertores

HOMENAJE A UN ESPÍA
Richard Sorge (1895-1944) parecía ser un fanático nazi durante la Segunda Guerra Mundial. Mientras fue asesor político del embajador alemán, pasaba secretos a los rusos, enemigos de Alemania. Los sellos soviéticos muestran a Sorge como un héroe.

Los agentes dobles son en realidad "agentes enemigos controlados". Más que servir a dos jefes trabajan sólo para uno de los dos bandos en la guerra del espionaje: pero engañan al otro bando haciéndoles pensar que trabaja para ellos y en lugar de ello les roba secretos. Ser un agente doble es muy arriesgado. Para tener éxito tienen que conseguir la confianza de un servicio de inteligencia, pero su único objetivo es traicionar esa confianza. Si les atrapan, no pueden esperar compasión para su castigo. Los agentes dobles pueden ser voluntarios o espías descubiertos por los servicios de contraespionaje a los que se ha reclutado y controlado en vez de denunciarlos. Los espías reclutados de esta forma son muy valiosos. Sus nuevos jefes les proporcionan información falsa pero que parece verdadera y el espía pasa los falsos secretos como si fueran de verdad. Los espías que se fugan al país que antes era el objetivo de su espionaje son los llamados "desertores". Aunque pueden ser admirados en el país al que sean verdaderamente leales, se ganan el mismo odio del país al que traicionan.

MUERTE DE UN TRAIDOR
Los agentes del contraespionaje japonés desenmascararon a Richard Sorge ante sus aliados alemanes. Fue condenado y ejecutado en 1944.

Aldrich y Rosario Ames tras sus juicios por espionaje

AGENTE RUSO EN LA CIA
Durante nueve años Aldrich Ames (nacido en 1941) fue un espía ruso que trabajaba como oficial de confianza de la CIA. Ames y su mujer Rosario proporcionaron datos de muchos agentes reclutados por la CIA, y con su ayuda, Moscú fue capaz de construir una red de agentes dobles que engañaban a sus jefes de la CIA. Los rusos pagaron bien a la pareja por su traición.

ANTIGUO MAESTRO DE ESPÍAS
El comandante chino Sun Tzu fue uno de los primeros en escribir sobre agentes dobles. Llamaba "espías condenados" a quienes "se entregaba de forma deliberada información falsa para que la pasaran al enemigo". Sun Tzu escribió su libro El Arte de la Guerra, en el siglo IV a.C.

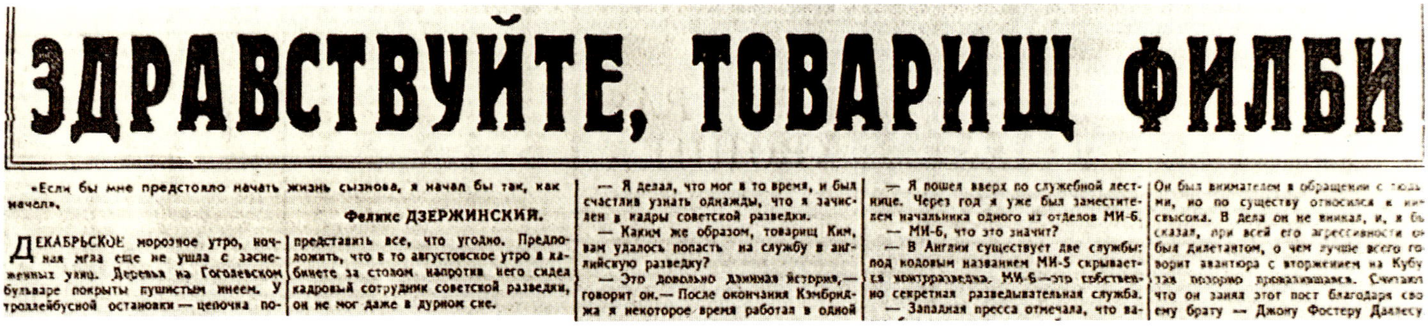

ЗДРАВСТВУЙТЕ, ТОВАРИЩ ФИЛБИ

«Если бы мне предстояло начать жизнь сызнова, я начал бы так, как начал».

Феликс ДЗЕРЖИНСКИЙ.

ДЕКАБРЬСКОЕ морозное утро, ночная мгла еще не ушла с заснеженных улиц. Деревья на Гоголевском бульваре покрыты пушистым инеем. У троллейбусной остановки — цепочка по-

представить все, что угодно. Предположить, что в то августовское утро в кабинете за столом напротив него сидел кадровый сотрудник советской разведки, он не мог даже в дурном сне.

— Я делал, что мог в то время, и был счастлив узнать однажды, что я зачислен в кадры советской разведки.

— Каким же образом, товарищ Ким, вам удалось попасть на службу в английскую разведку?

— Это довольно длинная история,— говорит он.— После окончания Кэмбриджа я некоторое время работал в одной

— Я пошел вверх по служебной лестнице. Через год я уже был заместителем начальника одного из отделов МИ-6.

— МИ-6, что это значит?

— В Англии существует две службы: под кодовым названием МИ-5 скрывается контрразведка. МИ-6—это собственно секретная разведывательная служба.

— Западная пресса отмечала, что ва-

Он был внимателен в обращении с людьми, но по существу относился к ним свысока. В дела он не вникал, и, я бы сказал, при всей его агрессивности он был дилетантом, о чем лучше всего говорит авантюра с вторжением на Кубу так позорно провалившаяся. Считали, что он занял этот пост благодаря своему брату — Джону Фостеру Даллесу

BIENVENIDA DE HEROE
Philby escapó a Moscú desde Beirut, donde había estado trabajando bajo la identidad de un periodista. Los periódicos soviéticos le dieron la bienvenida en grandes titulares. En éste se puede leer: "Felicidades Camarada Philby".

AGENTE DOBLE EN LA GUERRA FRÍA
Harold "Kim" Philby (1912-88) se hizo comunista mientras estudiaba en la universidad de Cambridge y hacia 1933 ya era agente soviético. Aún así, siete años más tarde trabajó para el servicio de inteligencia británico MI6. Tras treinta años de espionaje escapó a Moscú. Una agradecida Unión Soviética le otorgó una pensión y un piso, cuyo despacho se observa en la foto superior.

La hoz y el martillo, símbolos de la Unión Soviética

MEDALLAS DE LAS DOS PARTES
Philby recibió esta insignia del KGB al poco de llegar a Moscú. Más tarde la Unión Soviética le condecoró con la Orden de la Bandera Roja. Dieciocho años antes, el rey de Inglaterra Jorge VI, sin saber que se trataba de un espía, había otorgado a Kim la Orden del Imperio Británico.

JUBILACIÓN EN MOSCÚ
Tras desertar, Philby vivió en Moscú hasta su muerte en 1988. Su hijo tomó esta fotografía de él en los años 70. La traición de Philby y de sus colegas Guy Burguess y Donald Maclean dejó tras ellos un reguero de desconfianza. Su espionaje desacreditó los servicios de inteligencia británicos.

IDENTIDAD SECRETA
Igor Gouzenko (1919-82) era un criptoanalista de la embajada soviética en Ottawa. No quería regresar a la Unión Soviética y desertó con pruebas del espionaje soviético. Los periódicos y los departamentos gubernamentales le tacharon de desequilibrado pero la Policía Montada lo creyó y lo protegió. En esta entrevista televisiva, se puso una caperuza para que su identidad permaneciera en secreto.

SECRETOS DE SEGURIDAD
Como jefe de la misión del KGB en Londres, Oleg Gordievsky (nacido en 1939) tenía acceso a la información más delicada sobre el espionaje de su país. Pero no apreciaba el sistema soviético y había estado espiando para Occidente desde 1966. Desertó a Gran Bretaña en 1985, cuando sus superiores soviéticos empezaron a sospechar de él.

Gordievsky escribió las memorias de su vida en el KGB

Gordievsky con su libro KGB

Armas secretas

El ESPIONAJE POSEE UN PASADO SANGRIENTO. Los espías estaban muy ocupados durante la guerra, cuando el peligro acechaba por todas partes, pero cuando la guerra terminó su trabajó consistió en asegurar la paz. A veces utilizaban armas para alcanzar este objetivo pacífico y, al igual que hacían muchos espías en tiempos de guerra, llevaban armas en público. Otros disfrazaban las pistolas o los cuchillos de forma ingeniosa. Con la guerra fría (págs. 38-39) los secretos se extendieron. Tanto los países del pacto de Varsovia como las potencias occidentales practicaban el asesinato y en algunos casos, como el de Georgi Markov, con éxito. Otros planes no llegaban a funcionar: la CIA intentó en dos ocasiones asesinar al presidente de Cuba, Fidel Castro (págs. 42-43), con veneno y falló en ambas. La agencia también pensó en utilizar otras armas bastante sofisticadas. Pensaron en introducir un virus mortal en uno de sus puros o poner una bomba en una concha y hacerla explotar mientras Castro nadaba en el mar. Pero no todas las armas que la Agencia pensaba utilizar eran mortales. El más extraño de los planes intentaba humillar a Castro: mediante la colocación de un polvo especial en los zapatos del líder comunista, los agentes de la CIA pretendían que se le cayera la famosa barba.

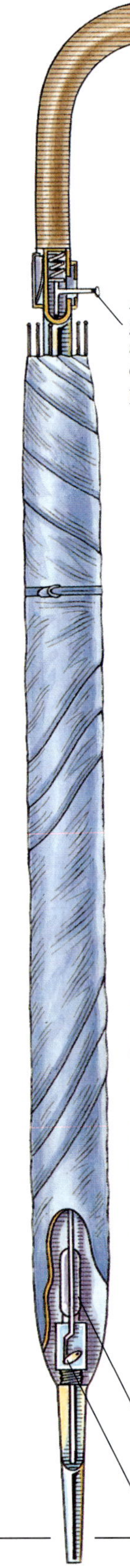

Al apretar el gatillo cercano al mango, se disparaba el perdigón

El cilindro de gas hacía que el paraguas funcionara como una escopeta de aire comprimido

Los agujeros del pequeño perdigón contenían veneno

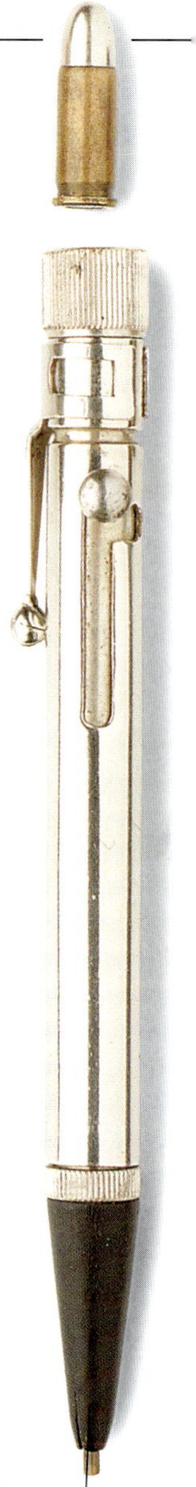

LÁPIZ MORTAL
Estas dos armas con forma de lápiz se utilizaron en objetivos muy cercanos. El lápiz para apuñalar contiene una cuchilla en forma de cruz y el lápiz pistola disparaba una sola bala de cromo y plata. Los agentes del SOE británico (págs. 32-33) los utilizaban para conseguir una pequeña ventaja y así obtener las armas más contundentes de sus oponentes.

El lápiz está cortado para poder observar la cuchilla

El arma no tiene cañón, lo cual limita su puntería

Georgi Markov en 1978

EL ASESINO DEL PARAGUAS
El búlgaro Georgi Markov transmitía desde la BBC de Londres críticas al gobierno de su país. Caminando hacia su casa por una calle de Londres en 1978, Markov sintió un pinchazo. Miró hacia atrás y vio cómo un hombre recogía un paraguas. Markov contrajo unas fiebres y murió tres días más tarde. Su asesino, un agente búlgaro, había utilizado un paraguas especialmente diseñado para disparar un perdigón que contenía un veneno muy potente. Diez días antes varios agentes búlgaros en París habían atacado a otro opositor al gobierno de su país, pero la víctima pudo recuperarse.

Cañón recortado

Pistola Webley & Scott de 6,35mm modificada

Protector del gatillo

PISTOLA DE CINTURÓN
Esta pequeña pistola de la Segunda Guerra Mundial tenía un alcance muy limitado y se llevaba en un cinturón bajo la ropa. Para asegurarse el alcance del objetivo, el asesino tenía que estar justo al lado de la víctima. Un cable para disparar salía de la hebilla y pasaba por debajo de la manga del abrigo que cubría la pistola. La gran ventaja era que un espía podía apretar el gatillo sin que nadie lo viera apuntar ni disparar.

TAJOS SENCILLOS
No todas las armas estaban pensadas para atacar a las personas. Estas cuchillas afiladas estaban diseñadas para rajar los neumáticos de los vehículos. Eran lo suficientemente pequeñas para esconderlas, pero con un simple corte podían proporcionar unos minutos muy valiosos para que los espías escaparan. Los saboteadores utilizaban las cuchillas para inmovilizar completamente un vehículo, rajándole todas las ruedas, incluida la de repuesto.

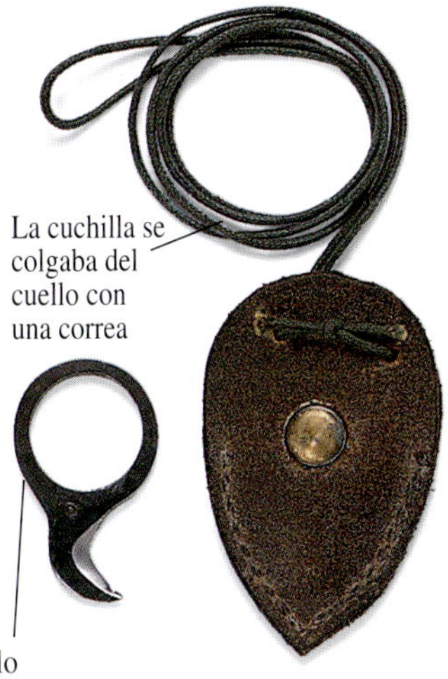

La cuchilla se colgaba del cuello con una correa

La pequeña cuchilla tiene forma de anillo

REVÓLVER DE ANILLO
Las armas ocultas no son nada nuevo. Un espía francés bien equipado del siglo XIX llevaba este revólver fijado a un anillo. Moviéndo la cámara el agente podía efectuar cinco tiros. Debido a su reducido tamaño y la técnica del disparo, a veces se la llamaba pistola exprimidor o pistola de palma.

Al ser de un tamaño tan reducido tenía un alcance limitado

El revólver de anillo podía disparar cinco tiros

GUANTE LETAL
Algunas de las armas utilizadas por los espías casi eran más peligrosas para la persona que las utilizaba que para las víctimas. Un agente que disparara esta ingeniosa pistola de guante tenía que apuntar con mucho cuidado ya que sólo había una bala y se podía llevar un par de dedos por delante. El arma fue fabricada por el Servicio de Inteligencia Naval de EE UU para sus agentes de la Segunda Guerra Mundial.

El cañón salía entre los dedos

La pistola estaba unida al guante mediante remaches

Al presionar el cañón sobre el cuerpo de la víctima la pistola se disparaba

Cuchilla escondida

Cuchilla escondida

La moneda tiene una cuchilla oculta

CUCHILLAS EN TACONES Y EN MONEDAS
A pesar de su siniestra apariencia, las cuchillas que se escondían en los tacones de los zapatos no eran para atacar. Su principal uso era para que los agentes que fueran atados pudieran cortar las cuerdas y liberarse.
Los espías también escondían cuchillas en monedas de poco valor. Suponían que los guardias les permitirían quedarse con esas monedas, ya que los billetes sí que se los quitaban.

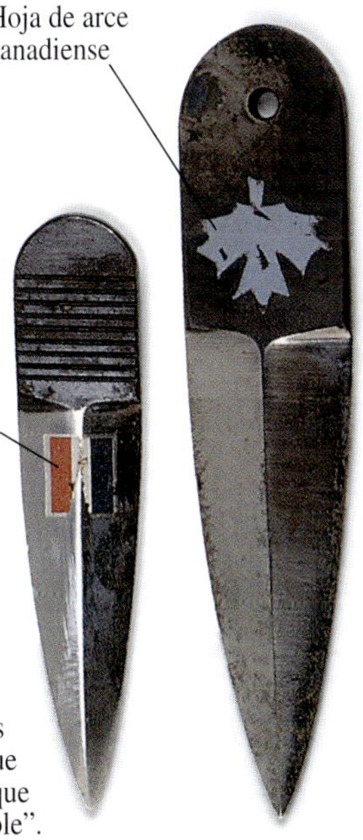

Hoja de arce canadiense

Bandera francesa

CUCHILLOS DESAGRADABLES
Durante la guerra los servicios de información diseñaban estos pequeños cuchillos que se podían ocultar en la solapa o en los puños de un abrigo. Un agente capturado podía utilizar el cuchillo para atacar a los guardias y escapar. Los instructores que entrenaban a los espías les avisaban de que el resultado solía ser "bastante desagradable".

La guerra fría

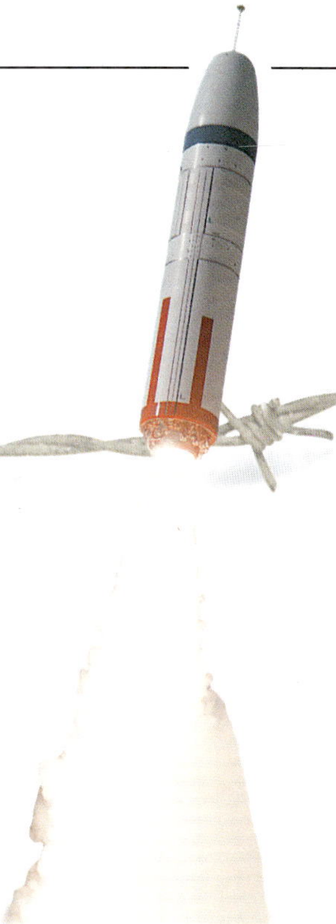

CUANDO LA SEGUNDA GUERRA MUNDIAL TERMINÓ en 1945, el futuro parecía gris para los agentes secretos. Pero de hecho, la edad de oro del espionaje estaba a punto de comenzar. Una frontera política dividió a Europa en dos. Se la conocía como "el telón de acero", y en realidad sólo era una línea en un mapa. Al este se encontraba el mundo comunista (la Unión Soviética y sus aliados) que pretendían crear una sociedad sin clases que compartiera la riqueza. Las naciones situadas al oeste, apoyadas en Estados Unidos, eran capitalistas y creían en la propiedad privada y en la importancia de los negocios. Los países del este y del oeste sospechaban unos de otros y su gran rivalidad se conoció como la "guerra fría". Los espías prosperaron mucho en esa atmósfera de desconfianza que se creó con la guerra fría. Tenían mucho trabajo, con el Este y Occidente compitiendo para construir la bomba más potente, y cada uno de los bandos enviando espías al otro para saber qué estaban tramando. Debido a toda esta actividad, cada bando necesitaba cada vez más agentes para atrapar a los agentes enemigos que se habían infiltrado. En los dos bandos, el miedo a un guerra nuclear dotó de prioridad al espionaje. Por fin, en 1989, la guerra fría terminó y comenzó el proceso de reunificación de Alemania, que también había estado dividida en dos partes.

EN BUSCA DEL MISIL
Las bases de misiles son fáciles de localizar con las fotos que realizan los satélites espías (págs. 52-53), así que la Unión Soviética y Estados Unidos desarrollaron bases de misiles en submarinos que podían esconderse en las profundidades. Los fabricantes de este misil Trident aseguraban que sólo se utilizaría para atacar depósitos de misiles. Sus detractores pensaban que sus verdaderos objetivos serían las ciudades.

Característica nube en forma de hongo

PROBANDO LA BOMBA
Estados Unidos probó sus bombas atómicas en el desierto de Nevada, lejos de las miradas indiscretas de los espías enemigos. Todo el mundo temía el poder de estas bombas para destruir la civilización y eso posiblemente haya contribuido en gran medida a que ninguno de los dos bandos de la guerra fría llegara a utilizarlas.

¿UN MUNDO A SALVO?
Los políticos de la guerra fría creían en la "destrucción mutua asegurada". Si ambos bandos tenían suficientes bombas para destruir al otro, pensaban, ninguno de los dos se arriesgaría a una guerra. Las dos superpotencias, la Unión Soviética y Estados Unidos, fabricaron enormes misiles con cabezas nucleares. Nunca los lanzaron y estos misiles estadounidenses Titan II se encuentran almacenados para ser reconvertidos en lanzadores de satélites.

EL MURO QUE DIVIDÍA EUROPA
El espionaje durante la guerra fría era muy intenso en Berlín, la capital de Alemania del Este. Berlín estaba situado en el interior de Alemania del Este, pero un tratado de la guerra otorgaba el control de Berlín Occidental a Francia, Gran Bretaña y Estados Unidos, así que la misma ciudad estaba dividida en dos: este y oeste. Para evitar que los refugiados escaparan al oeste atravesando esa nueva frontera, los alemanes orientales construyeron un muro en 1961 que dividía la ciudad. La destrucción de este muro en 1989 reunificó las dos Alemanias y simbolizó el final de la guerra fría.

La multitud daba gritos de alegría y todos, provistos de martillo y cincel, iban despedazando el muro

INTERCAMBIO DE ESPÍAS EN BERLÍN
Cualquier espía capturado durante la guerra fría podía esperar la ejecución o, con suerte, una larga estancia en prisión, a no ser que su gobierno negociara un intercambio de prisioneros. En estos tratos, el Este y Occidente intercambiaban espías capturados. Los agentes liberados caminaban hacia la libertad cruzando alguno de los controles que había en el muro de Berlín.

EUROPA DIVIDIDA
Durante la guerra fría, sólo había cuatro naciones europeas que fueran neutrales. La mayoría firmaron pactos de defensa con sus vecinos. El Pacto de Varsovia unió a los países comunistas con la Unión Soviética. Los países capitalistas se aliaron con Estados Unidos como miembros de la OTAN (Organización del Tratado del Atlántico Norte).

Telón de acero
Países neutrales
Otras naciones capitalistas
Miembros de la OTAN
Otras naciones comunistas
Países del Pacto de Varsovia
Unión Soviética

El piloto de U-2, Gary Powers, fotografiado tras ser derribado en 1960

DERRIBADO
Antes de que los satélites simplificaran el espionaje desde el aire, Estados Unidos enviaba aviones espía U-2 (págs. 52-53) para que tomaran fotos del otro lado del telón de acero. La unión Soviética derribó uno en 1960 y capturó al piloto espía de la CIA, Gary Powers. No tuvo que cumplir la condena de 10 años porque los soviéticos le liberaron en 1962, en un intercambio con el espía soviético Rudolph Abel.

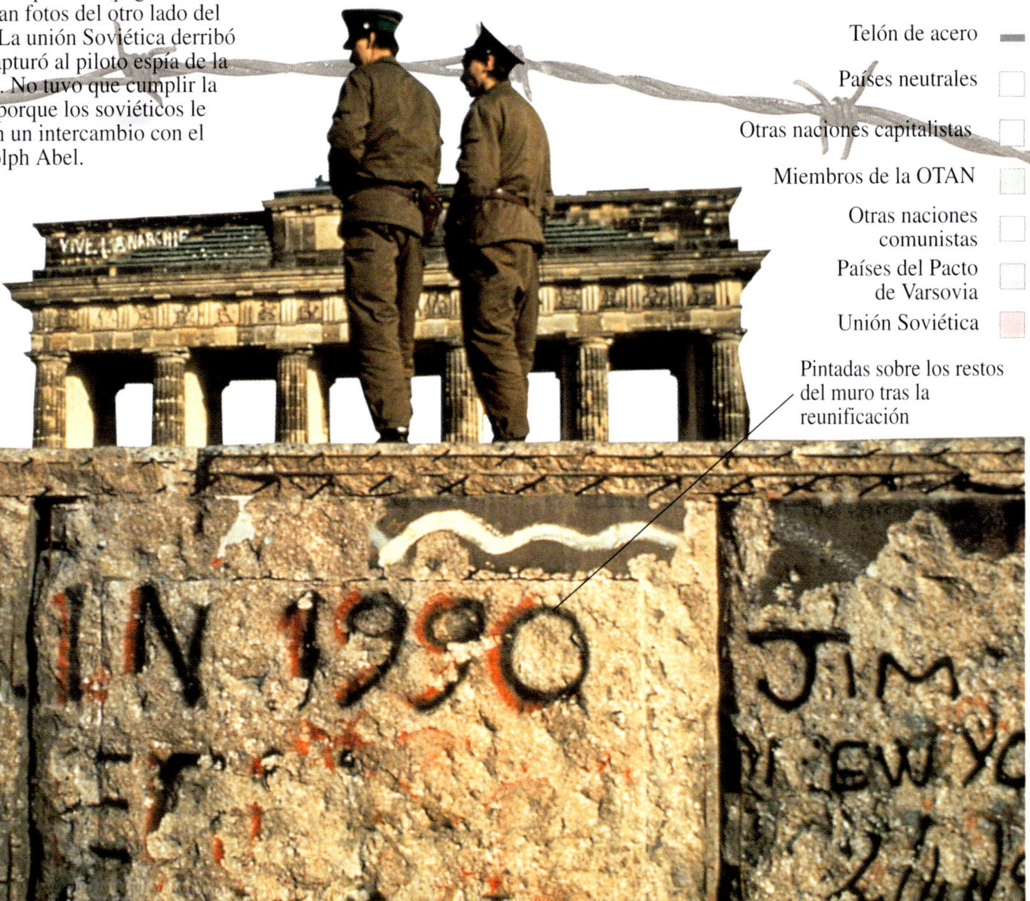

Pintadas sobre los restos del muro tras la reunificación

Jefes del espionaje

LOS JEFES DEL ESPIONAJE TIENEN un gran poder. El secretismo que rodea todos los trabajos relacionados con la información significa que, aunque la mayoría de los jefes sirven correctamente a sus países, los que deciden no hacerlo, son peligrosamente poderosos. Normalmente los jefes del espionaje están bajo las órdenes de un grupo de políticos del partido que gobierne un país, pero a menudo los miembros de ese partido no saben lo que en realidad hacen los espías. En el pasado, los jefes del espionaje recibían las órdenes directamente del rey o la reina. Aun así, en 1519 un diplomático veneciano escribió sobre el cardenal Wolsey, jefe del espionaje del rey inglés Enrique VIII: "manda sobre el rey y sobre todo el reino". En este siglo, hasta el final de la guerra fría, los jefes de los servicios de información controlaban países de la Europa del Este. El poder de J. Edgar Hoover creció tanto mientras fue el jefe del FBI, que incluso podía chantajear a algunos de los políticos más influyentes de Estados Unidos. En la actualidad existe más transparencia sobre los servicios de información, pero la identidad de los agentes sigue siendo un secreto bien guardado.

SOLDADO ROMANO
El general Escipión el Africano (236 a.C.-184 a.C.) fue uno de los mejores jefes del espionaje del Imperio Romano. Al ir a atacar la ciudad española Cartago Nova, sus espías averiguaron que los refuerzos del enemigo se encontraban a una distancia de diez días. Como resultado, la armada y el ejército, bajo las órdenes de Escipión, obtuvieron una fácil victoria.

EL PODER DETRÁS DEL TRONO
El cardenal Wolsey (1475-1530) se convirtió en el hombre más poderoso de Inglaterra como jefe del espionaje del rey Enrique VIII. Los agentes de Wolsey abrían el correo de diplomáticos de Venecia y de otros países. Para proteger sus secretos, los embajadores comenzaron a escribir cartas codificadas. Thomas Cromwell sucedió a Wolsey como jefe de información.

Wolsey tuvo una gran influencia sobre el rey de Inglaterra Enrique VIII durante mucho tiempo.

El emperador mongol de la India Akbar (1542-1605) utilizó en su juventud a los faquires (hombres santos) como espías. Durante su reinado (1556-1605), Akbar extendió el imperio de la India y reformó el gobierno. Para lograrlo se basó en los informes del espionaje proporcionados por los *kotwal* (funcionarios locales), que tenían como misión contratar espías.

ESPÍAS INVISIBLES
Los príncipes guerreros japoneses del siglo XII utilizaron a los *ninjas* como espías y asesinos silenciosos. El nombre de *ninja* proviene de una palabra japonesa que significa "hacerse invisible". Estaban entrenados con una gran dureza física y eran expertos en disfraces. Uno de los señores de la guerra, Takeda Shingen les temía tanto que hizo abrir una segunda puerta en su retrete para tener más posibilidades de escapar.

EL SERVICIO SECRETO RUSO
El primer zar de Rusia, Iván IV (1530-1584) se ganó ampliamente el sobrenombre de "el Terrible". Gobernaba con la ayuda de los violentos agentes secretos llamados *Oprichniki*. Aunque oficialmente eran la policía de seguridad, los *Oprichniki* eran en realidad matones que aterrorizaban a comunidades enteras, asesinando y torturando sin ningún miramiento. Su emblema estaba formado por la cabeza de un perro y una escoba, que simbolizaban su poder para olfatear la traición y barrerla.

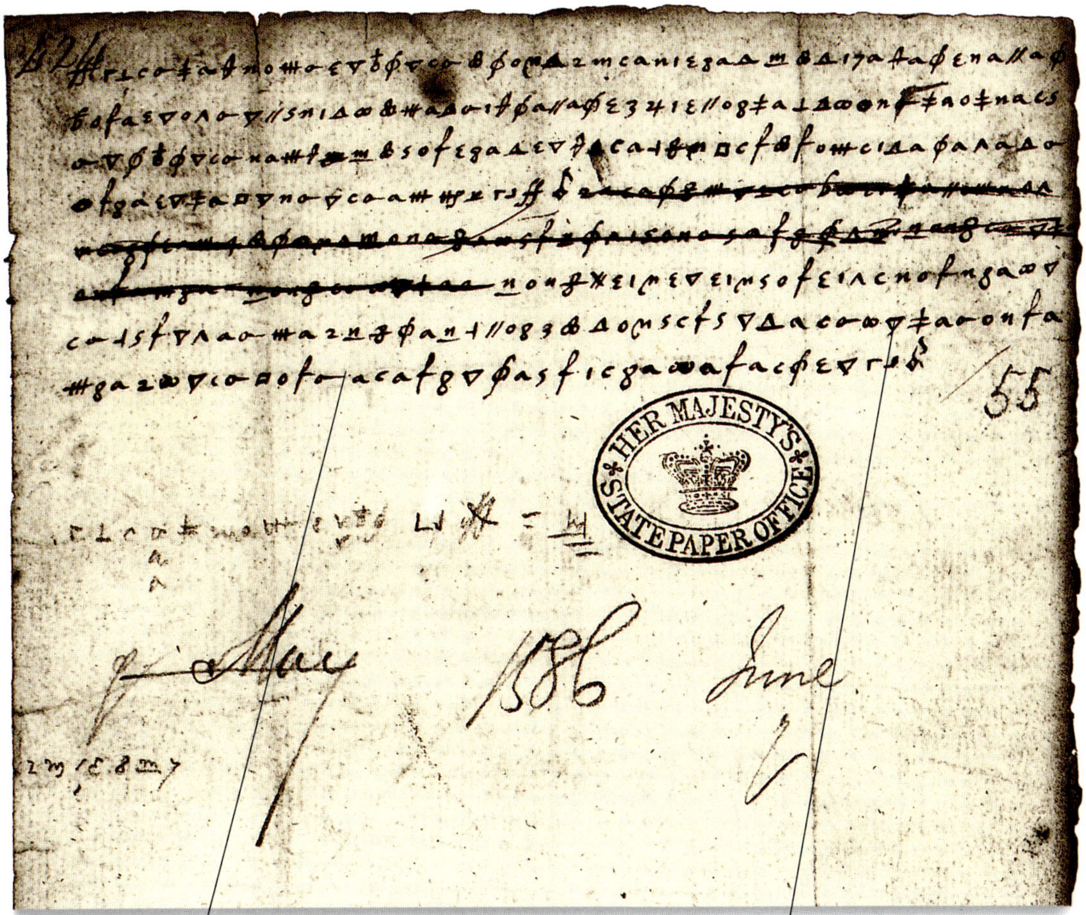

Los agentes de Walsingham expertos en criptografía falsificaron un párrafo añadido pidiendo a María los nombres de los conspiradores

La carta estaba escrita en una clave muy simple

EL PADRE DEL SERVICIO SECRETO
Francis Walsingham (aprox. 1532-1590) contribuyó de manera decisiva a la creación del servicio de espionaje inglés. Su mayor hazaña fue descubrir la trama para asesinar a la reina de Inglaterra, Isabel I. Los agentes de Walsingham interceptaron cartas codificadas entre los conspiradores y la prima de la reina, María Estuardo, que estaba en prisión. Las cartas demostraban que María estaba involucrada y fue ejecutada en febrero de 1587.

UNA ESCOBA NUEVA BARRE MEJOR
Durante cerca de medio siglo J. Edgar Hoover (1895-1972) fue el jefe del FBI, una de cuyas funciones era identificar a los espías enemigos que operaban en Estados Unidos. Pero los agentes de Hoover también investigaron las vidas privadas de los políticos, incluso la del mismo presidente. Con la amenaza de hacer públicos los secretos más sórdidos, Hoover se aferró a su enorme poder. En 1947, se fundó la CIA con el fin de controlar la seguridad exterior y el poder del FBI se vio frenado.

EL CARDENAL ROJO
El cardenal Richelieu (1585-1642) organizó el "Gabinete Negro", una policía secreta de Francia. Sus agentes espiaban a las familias nobles, otorgando de ese modo más poder a Luis XIII. En esta época se llegó a pensar que todos los profesores de esgrima franceses eran espías.

UN AGENTE DOBLE EN LO MÁS ALTO
Alfred Redl (1846-1913) era el jefe del contraespionaje austriaco. Modernizó el servicio secreto de Austria, pero había contraído enormes deudas personales. Cuando Rusia le ofreció dinero a cambio de información secreta, aceptó y trabajó para ellos durante diez años. Redl fue acusado de traición en 1913, y se suicidó antes del juicio.

UN ROSTRO INVISIBLE
El apodo de Markus Wolf durante la guerra fría era "el hombre sin cara". Estaba a cargo de las operaciones en el extranjero de la Stasi (policía secreta de Alemania del Este). Wolf tenía un excelente equipo de espías en Occidente. Incluso uno de los más cercanos asesores del canciller Willy Brandt (n. 1913) había sido reclutado y era un espía de la Stasi.

Los servicios secretos

ESPÍA CONTRA ESPÍA
Las caricaturas de la revista Mad se mofaban de la rivalidad de los espías en pleno apogeo de la guerra fría.

DETRÁS DE CADA ESPÍA se encuentra una vasta red de recogida de información. Organizaciones como la CIA y el MI6 ofrecen documentos, dinero y ayuda a los espías, pero también interpretan la información que esos espías captan. Los servicios de inteligencia analizan la información que recogen no sólo de los espías sino también de muchas otras fuentes. Los satélites proporcionan algunos datos y la interceptación de señales de radio proporciona otros. Gran parte de su personal no hace otra cosa que leer periódicos y revistas exranjeros. Un analista agudo puede averiguar mucho con esas “fuentes públicas”. Durante la Segunda Guerra Mundial, los expertos de los servicios de información rusos se dieron cuenta de que EE UU estaba acaparando plata “por razones científicas” y que habían prohibido todas las publicaciones relacionadas con la física atómica. Sin poner en riesgo la vida de sus agentes adivinaron (con toda razón) que EE UU estaba desarrollando la bomba atómica.

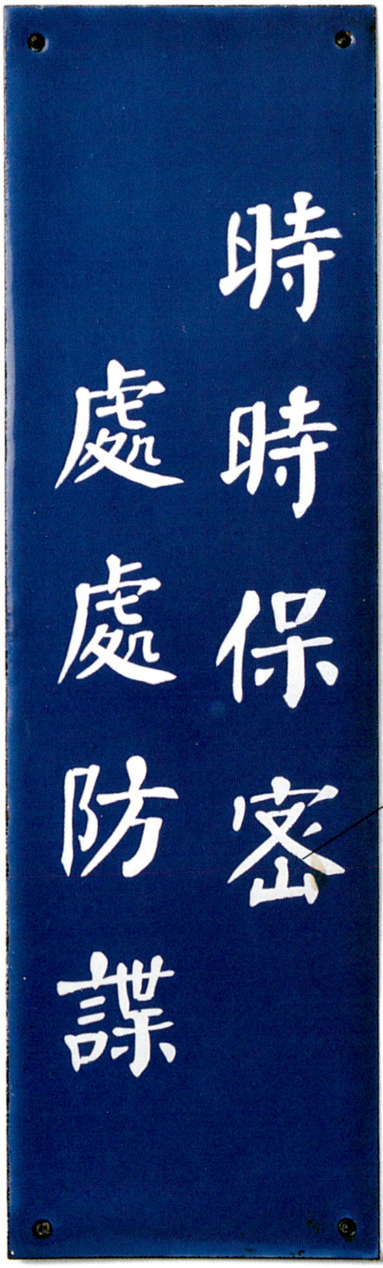

CUIDADO CON LOS ESPÍAS
La República China posee una red de información muy amplia y a la vez muy secreta. Hay una Oficina Central de Inteligencia que recoge la información y que se apoya en varias organizaciones gubernamentales y también en gente de la calle. En los años 70, se distribuyeron por todo el país carteles como éste (a la izquierda) para alertar a los ciudadanos sobre las actividades de los espías extranjeros. En el extranjero, se cree que los espías chinos operan desde las embajadas de su país y mediante la agencia de noticias Nueva China.

Este cartel dice: “En todo momento protege (nuestros) secretos (y) ten cuidado con los espías en cualquier lugar”.

El emblema de la CIA

GUARDIANES DE LOS ESTADOS UNIDOS
La Agencia Central de Inteligencia (CIA) ha recogido y analizado información de países extranjeros para EE UU desde 1947. También tiene la responsabilidad del contraespionaje en el extranjero. La menos conocida Agencia Nacional de Seguridad, que está bajo el control del FBI (Buró Federal de Investigación), es en realidad más grande que la CIA y es la responsable de las comunicaciones: códigos, claves e interceptación de comunicaciones. Otra organización distinta, el Servicio Secreto de Estados Unidos, tiene la responsabilidad de la protección del presidente.

Insignia del MI5, el servicio de contraespionaje de Gran Bretaña

LA STASI
Hasta que las dos Alemanias se reunificaron en 1990, la Stasi (Seguridad del Estado) controlaba el espionaje de Alemania del Este. Sus ciudadanos tenían buenas razones para temer a esta policía secreta. La Stasi empleaba a más de 85.000 personas y tenía fichas con gran cantidad de información de un tercio de la población de Alemania del Este.

Cámara con la insiginia de la Stasi

ESTRELLA DE LA SEGURIDAD
Gran Bretaña posee dos organizaciones de seguridad paralelas que se dedican al espionaje y al contraespionaje en su propio país (MI5) y en el extranjero (MI6). En 1992, Gran Bretaña fue el primer país en nombrar a una mujer, Stella Rimington, como jefa de uno de los principales servicios de espionaje. Hasta 1995, fue la directora del MI5, también llamado Servicio de Seguridad y fundado en 1906. El MI6 es el nombre militar para el Servicio Secreto de Inteligencia y su personal llama “C” a su misterioso director.

Insignia que llevaban los agentes del KGB

Mapa que muestra la Unión Soviética

ESPIAR EN RUSIA
El KGB (Comité de Seguridad del Estado) controló los servicios de espionaje y de contraespionaje dentro de la Unión Soviética y en el extranjero desde 1954 hasta los años 80. Los agentes del KGB también se encargaban de la seguridad interna y los jefes de la organización tenían una gran influencia política. Con el nacimiento de la nueva Rusia, las responsabilidades del KGB se transfirieron a organizaciones con menos poder de las nuevas repúblicas.

ESPÍAS ISRAELÍES EN EL EXTRANJERO
Israel ha desarrollado unos servicios de seguridad y espionaje muy eficientes y contundentes. El Mossad (Servicios Especiales y de Espionaje) fue fundado en 1949 y es el responsable del espionaje internacional y de las acciones contra los enemigos de la nación. El Shin Beth (Servicios de Seguridad y Contraespionaje) controla la seguridad interna.

Candelabro judío o menorah, símbolo del judaísmo

Insignia del Mossad

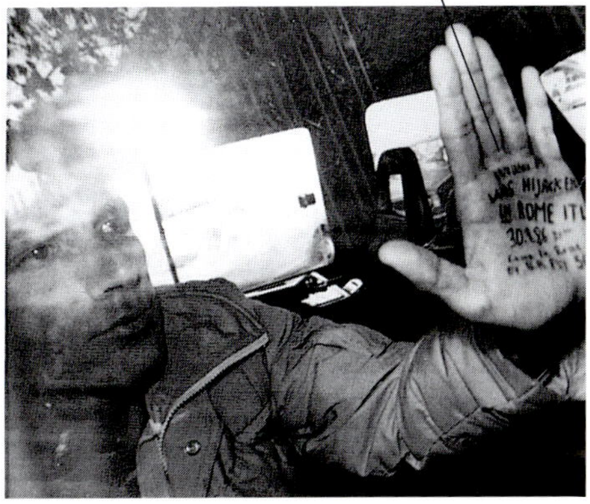

El mensaje desesperado de Vanunu sobre su secuestro en Roma

EL MOSSAD EN ACCIÓN
Los agentes del Mossad son especialmente hábiles en trabajos clandestinos en otros países. Cuando Mordechai Vanunu, un técnico nuclear, reveló que Israel estaba fabricando bombas atómicas, los agentes del Mossad lo secuestraron en Italia y lo llevaron a Israel para juzgarlo y encarcelarlo. Ya bajo la custodia de Israel, Vanunu se escribió en la mano un mensaje para la prensa en el que explicaba cómo fue secuestrado.

ELIMINAR AL OBJETIVO
Los servicios de espionaje de todos los países siempre niegan que sus agentes lleven a cabo asesinatos políticos. Sin embargo, la historia demuestra que esto no es cierto. La CIA es famosa por las acciones que ha llevado a cabo contra los líderes que se han opuesto a Estados Unidos: contrataron a asesinos de la Mafia para que mataran al presidente de Cuba, Fidel Castro (págs. 36-37). Y el desertor del KGB Oleg Gordievski afirmó que el KGB había proporcionado el paraguas con el que asesinaron a Georgi Markov (págs. 36-37).

Pistola Manurhin de 7,65mm

Los agentes de la DGSE en el extranjero se defienden con armas automáticas como ésta

LA PROTECCIÓN DE FRANCIA
Al igual que muchas otras naciones, Francia divide su trabajo de espionaje en varias organizaciones. La Dirección General de Seguridad Exterior (DGSE) recoge la información internacional y organiza el contraespionaje en el extranjero. La eficaz Dirección de Supervisión del Territorio (DST) está bajo las órdenes del Ministro del Interior y se ocupa de la seguridad interna. A principios de los años 80, la DST fue directamente responsable de la expulsión de 47 diplomáticos soviéticos sospechosos de espionaje.

La vigilancia en acción

ES POSIBLE QUE TE ESTÉN ESPIANDO. Los secretos comerciales son muy valiosos para las empresas rivales y para conseguir esos secretos, los empleados y otras organizaciones utilizan métodos sutiles. Para robar documentos, los espías industriales utilizan las herramientas y métodos de un agente secreto y para proteger los documentos de las personas indiscretas, las empresas tienen que utilizar tácticas de contraespionaje (págs. 48-49). Todos los utensilios que se muestran aquí ayudan a proteger los secretos de las oficinas de los intrusos. Pero también se pueden utilizar para controlar a los propios empleados, ya que el espionaje puede venir desde dentro de la empresa. Los espías identifican a los empleados peor pagados e intentan sobornarlos para que vendan información. El objetivo de los espías es localizar a jefes descontentos que tengan que hacer trabajos impropios de su cargo. Incluso los cotilleos que se producen en las oficinas pueden ser objetivo de micrófonos ocultos: uno se puede enterar de que hay empleados cualificados que piensan dejar la empresa e irse a la competencia.

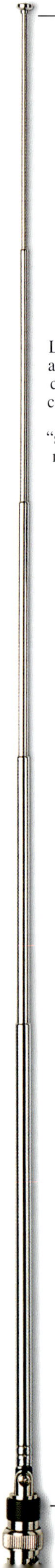

¿ME RECIBES?
Los hombres de negocios pueden averiguar muchas cosas sobre sus clientes con un micrófono oculto como éste. Un vendedor que hace una demostración puede dejar “sin darse cuenta” una cartera con micrófono en la sala para grabar la conversación privada del cliente.

HACER FOTOS
Los espías profesionales suelen utilizar cámaras costosas como ésta, una Minox, para copiar información. De todas formas, las fotocopiadoras de la oficina son a veces más seguras. Los empleados no levantan sospechas al utilizarlas... y las copias no les cuestan nada.

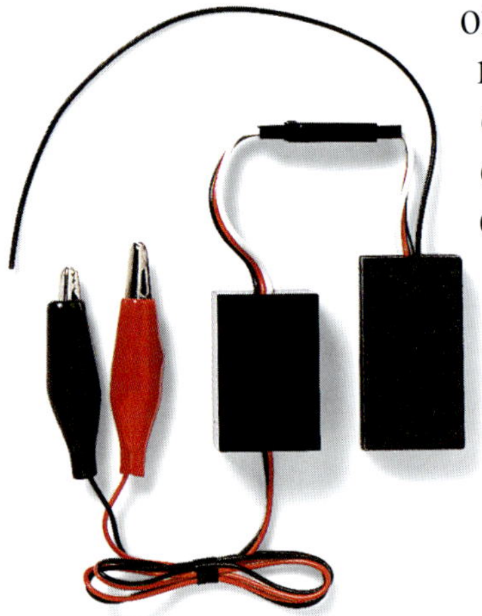

MICRÓFONOS EN LA OFICINA
El material de oficina, como por ejemplo una lámpara de mesa, es ideal para esconder micrófonos (parte superior). Tiene una fuente de alimentación continua y se encuentra encima de la mesa, un buen sitio para grabar conversaciones. Sobornar a alguien para que coloque el micrófono al comprar la lámpara es menos arriesgado que entrar en la oficina para colocarlo.

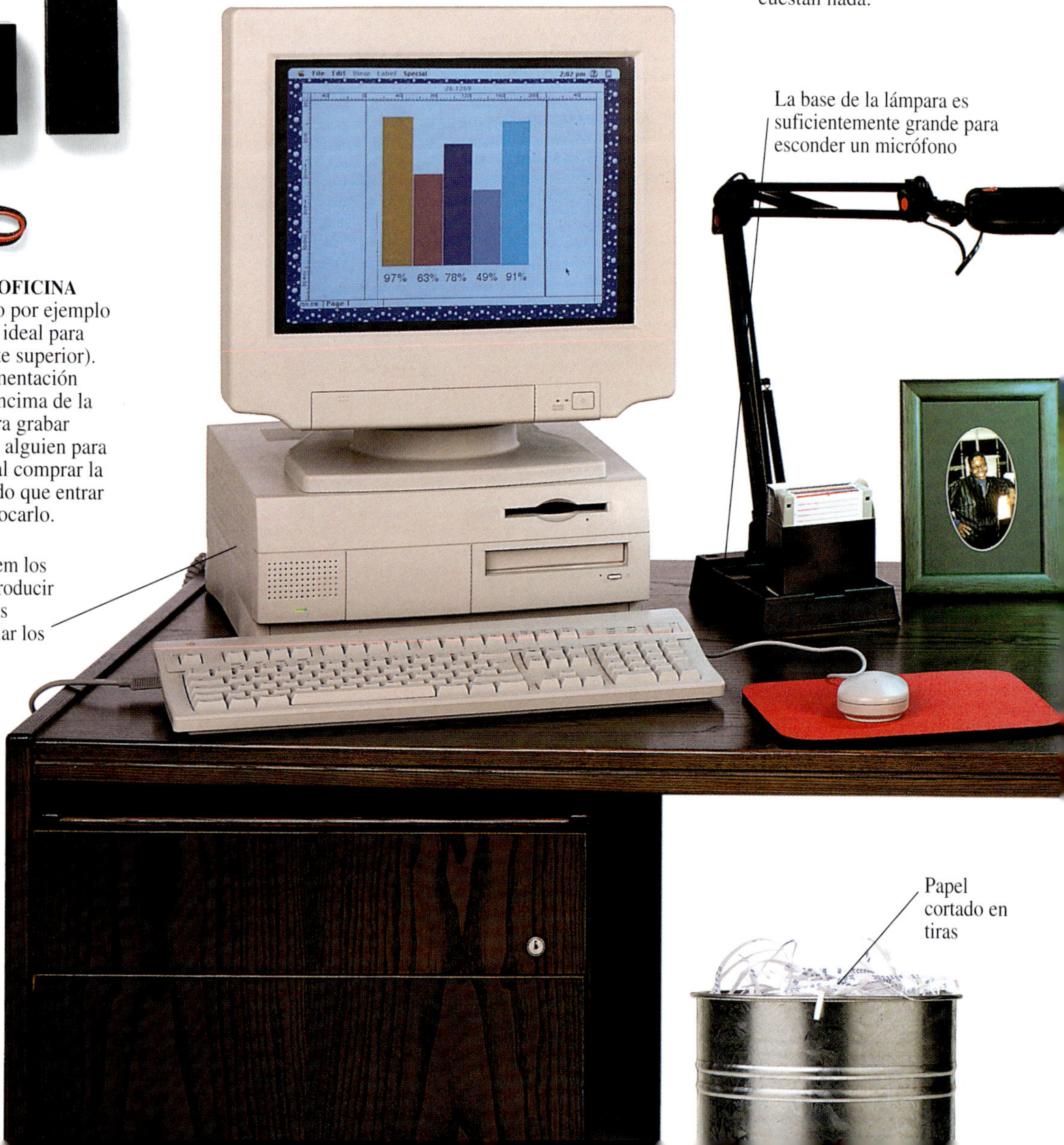

La base de la lámpara es suficientemente grande para esconder un micrófono

Con un simple módem los espías se pueden introducir en redes informáticas desprotegidas y copiar los archivos

Papel cortado en tiras

ALTO Y CLARO
Un vendedor que ha puesto un micrófono puede escuchar de forma secreta a su cliente desde un coche aparcado en el exterior. Sólo con subir la antena de la radio recibirá la señal y escuchará cualquier conversación relacionada con el tema de la venta. Al día siguiente, el vendedor retomará las negociaciones con la capacidad de utilizar esa información para cambiar de estrategia y en una mejor situación para negociar.

PEQUEÑO MIRÓN
Más de una de cada diez empresas estadounidenses utilizan videocámaras para espiar a sus empleados. Ocultar las cámaras es muy sencillo: las más pequeñas tienen objetivos que son más pequeños que la cabeza de una cerilla.

ATRAPADO POR LA CÁMARA
Los agentes del FBI utilizaron una cámara de vídeo oculta para obtener pruebas en un caso de corrupción al que se referían como "ABSCAM". La grabación (parte superior) probó que había miembros del Congreso de EE UU que estaban siendo sobornados. Siete congresistas fueron condenados y encarcelados.

RECEPTOR DE LARGA DISTANCIA
La mayoría de los micrófonos ocultos tienen un campo de acción limitado, pero los receptores que utilizan las líneas teléfonicas permiten realizar escuchas desde cualquier parte del mundo que tenga un teléfono. En primer lugar el espía debe instalar el aparato, normalmente en la línea telefónica. El micrófono no se pone en marcha hasta que el espía marca el número del teléfono intervenido, seguido de otra tecla del teléfono previamente seleccionada. El micrófono detecta el tono y hace que el teléfono no llegue a sonar permitiendo que el espía escuche cualquier conversación que se produzca en esa habitación utilizando el auricular como micrófono. Con este receptor es posible que alguien escuche, desde Australia, conversaciones que están teniendo lugar en Madrid.

Los tornillos que sujetan las manecillas de un reloj pueden esconder una cámara de vídeo

Cualquier objeto de una mesa de oficina puede ocultar un micrófono

Estos transmisores diminutos se pueden ocultar en cualquier sitio: incluso en los tiestos de las plantas

MICRÓFONO ENCHUFADO
Un micrófono es imposible de detectar si está disimulado como un enchufe, a no ser que se arranque el enchufe o se utilice un equipo especial. El enchufe funciona normalmente y a la vez proporciona la electricidad al micrófono. Algunos de estos aparatos funcionan como los intercomunicadores para bebés y utilizan los cables de la electricidad, en lugar de señales de radio, para transmitir las señales. El espía controla cualquier conversación con el receptor adecuado enchufado en cualquier otro punto del circuito eléctrico.

A TIRAS
Cortar un documento no garantiza su destrucción. Algunos espías industriales pueden, con paciencia, rehacer los secretos cortados a tiras.

Las grabadoras de los receptores de larga distancia (parte superior) graban las conversaciones telefónicas y las reproducen cuando el "espía" marca el número predeterminado

Espionaje industrial

Los gobiernos y los políticos no son los únicos objetivos del espionaje. Las empresas también tienen secretos que los espías industriales intentan robar o copiar. Este tipo de espionaje está creciendo rápidamente, pero no es nada nuevo. La industria de la seda fue una de sus primeras víctimas. Hasta el siglo VI, sólo los chinos sabían cómo fabricar este exclusivo tejido. Pero el emperador de Bizancio, Justiniano I (483-565) utilizó el espionaje para robar el secreto de su producción. Contrató a dos monjes para que sacaran fuera de China gusanos de seda de contrabando en bastones huecos. El espionaje industrial es más sofisiticado hoy día, pero los gobiernos siguen incentivándolo si su nación resulta favorecida. En 1989, el Departamento de Comercio francés intentó robar secretos comerciales de empresas estadounidenses y británicas. El espionaje salió a la luz cuando un informador envió la "lista de compras" a la CIA. Pero normalmente son las propias empresas las que utilizan el espionaje industrial contra sus competidores. Los espías que tienen éxito consiguen los detalles, las listas de proveedores y de compradores. Incluso el conocer con antelación una lista de precios puede contribuir a derrotar a un competidor comercial.

ESPIAR A LA COMPETENCIA
Una de las formas más extendidas del espionaje industrial es que los empleados de gran confianza abandonen la empresa y se vayan a la competencia... llevándose los secretos. General Motors (GM) sospechó que José Ignacio López de Arriortúa había hecho esto cuando les dejó para unirse a la empresa rival Volkswagen. GM argumentó que "Superlópez" y otros ejecutivos habían robado miles de fotos y diseños del Opel Vectra que eran secretos. El coche ya está en el mercado.

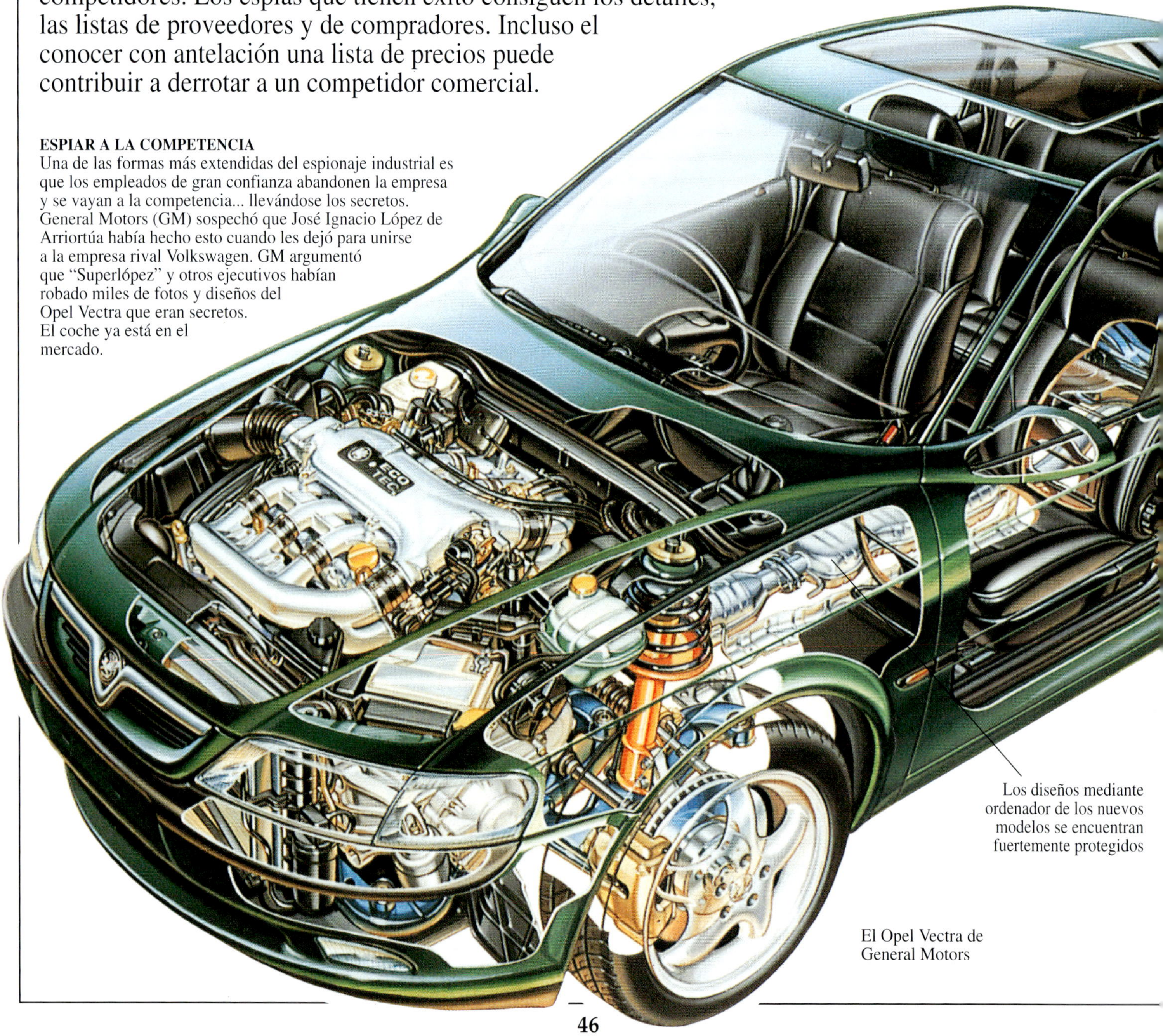

Los diseños mediante ordenador de los nuevos modelos se encuentran fuertemente protegidos

El Opel Vectra de General Motors

En Europa las pérdidas anuales por la piratería de discos, programas informáticos y cintas de vídeo asciende a unos 6.003 millones de dólares

Mucho antes de que salgan a las pasarelas, los diseños de alta costura forman parte de los objetivos de los espías

LA INDUSTRIA DEL OCIO
La piratería (copia ilegal) y el espionaje industrial reducen los beneficios de todos los involucrados en el mundo del entretenimiento. A partir de un original los piratas pueden fabricar millones de discos compactos o cintas de vídeo. La seguridad en los estudios de grabación es muy fuerte para garantizar que las grabaciones originales estén protegidas hasta la fecha de lanzamiento o de estreno. A pesar de estas precauciones, los espías industriales tienen éxito de vez en cuando y consiguen una grabación con antelación: en Sigapur los piratas hicieron miles de copias de vídeo de la película de James Bond *Panorama para matar* y las distribuyeron por toda Asia antes de su estreno en Londres.

Para mantener ocultos los secretos de automóviles nuevos, se suelen disimular colocando partes en chasis de otros coches más viejos al realizar las pruebas de carretera

Un sistema de frenado innovador puede tener mucha importancia para la competencia

EL CORTE DE LOS VESTIDOS
El robo de ideas en la industria del diseño supone mucho dinero. Es fácil de denunciar y muy difícil de demostrar. Los cortadores y otros trabajadores de la industria textil pueden copiar modelos y venderlos a otros diseñadores. También es posible que un boceto o una foto hecha en los desfiles sirva como inspiración.

ESPIONAJE INFORMÁTICO
En 1981, el FBI atrapó al ingeniero informático Kenji Hayashi con detalles de la tecnología de las disqueteras de IBM. Su empresa, la corporación Hitachi de Japón, le había entregado más de medio millón de dólares que él utilizó para sobornar a empleados de IBM. Tras su arresto y juicio, Hitachi tuvo que pagar 60 veces esta suma como compensación.

DIAMANTES INDUSTRIALES
Un espía industrial de General Electric ganaba un millón de dólares al año por pasar secretos de la industria de diamantes sintéticos a una empresa de Corea del Sur. Al robar la información que necesitaban para construir la fábrica, los coreanos se ahorraron pagar los importes del permiso de uso de la tecnología y el gran gasto que supone un programa de investigación y desarrollo. General Electric descubrió el caso de espionaje en 1992.

Los diminutos diamantes sintéticos colocados en la punta de un taladro permiten que éste funcione con más rapidez

Contraespionaje

ALGUIEN TE VIGILA
Los servicios de contraespionaje utilizan los mismos aparatos que los espías. Esta caricatura del siglo XIX se burla de la obsesión por las cámaras ocultas de los espías y de los agentes de contraespionaje.

EN EL PASADO, los equipos de escucha solían ser muy simples y los cables de los micrófonos ocultos llevaban a veces directamente hasta los espías que escuchaban. Hoy en día encontrar los micrófonos y los pinchazos de teléfonos (y a los espías que los utilizan) es más difícil. Descubrirlos es el trabajo de las organizaciones de contraespionaje. Sin embargo, la detección de un espía no siempre tiene como consecuencia su captura. A veces un espía enemigo es más valioso si se le permite seguir trabajando con normalidad. Los espías en acción pueden proporcionar a los servicios de contraespionaje información muy útil, sobre todo si no se dan cuenta de que son vigilados. Las actividades de un espía pueden revelar las necesidades de información del enemigo y poner al descubierto técnicas y equipos de espionaje. Estos datos pueden ayudar a atrapar a otros espías. Los servicios de contraespionaje también utilizan a los espías descubiertos para pasar información falsa a sus enemigos. A veces, utilizando pruebas de su culpabilidad, el servicio de contraespionaje puede "comprar" a un espía y hacerle trabajar para sus antiguos jefes como agente doble.

Un *scrambler* pegado a un teléfono

LLAMADAS SECRETAS
Existen dispositivos para perturbar las emisiones telefónicas. Se les suele llamar *scramblers.* Estos aparatos fragmentan el habla en pequeños segmentos y los envía por la línea telefónica en un orden aparentemente caótico. El *scrambler* receptor vuelve a poner en orden todos los fragmentos. Las dos personas que hablan por teléfono se escuchan perfectamente. Pero un espía que tenga pinchado el teléfono sólo escuchará "ruidos" (una mezcla de sonidos ininteligibles).

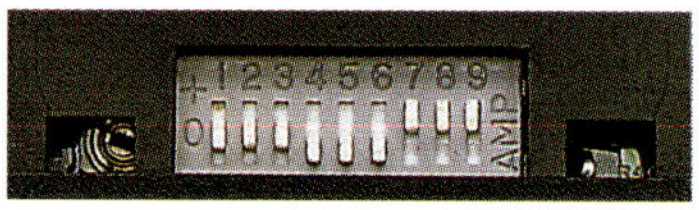

ELEGIR UN CÓDIGO
La persona que utiliza un *scrambler* ajusta una serie de controles en el mismo código acordado con el *scrambler* receptor.

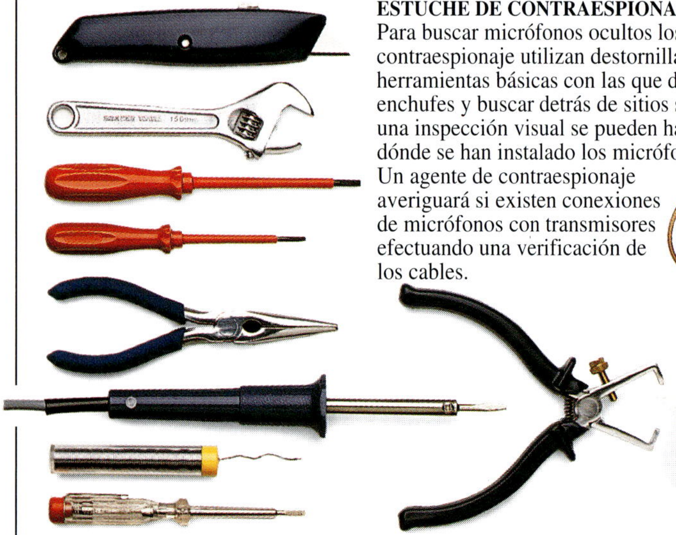

ESTUCHE DE CONTRAESPIONAJE
Para buscar micrófonos ocultos los agentes de contraespionaje utilizan destornilladores y otras herramientas básicas con las que desmontar enchufes y buscar detrás de sitios similares. Con una inspección visual se pueden hallar indicios de dónde se han instalado los micrófonos. Un agente de contraespionaje averiguará si existen conexiones de micrófonos con transmisores efectuando una verificación de los cables.

Un tono ascendente en los auriculares indica la presencia de un micrófono oculto

El mango se puede separar para poder buscar en sitios estrechos

Al disminuir la potencia de sonido los micrófonos ocultos son más fáciles de localizar

La sonda detecta los micrófonos ocultos incluso cuando no están en funcionamiento

UNA ESCOBA ESPECIAL
Este aparato lo utilizan los agentes de contraespionaje para "limpiar" (localizar) los micrófonos ocultos que hay en una habitación. La sonda emite una señal de radio que activa los semiconductores, como transistores o circuitos integrados, originando una señal indicativa que la "escoba" detecta. Algunos aparatos electrónicos tan inocentes como un teléfono activan el detector, pero una vez que se comprueban, cualquiera otra señal captada por la "escoba" puede tratarse de un micrófono oculto.

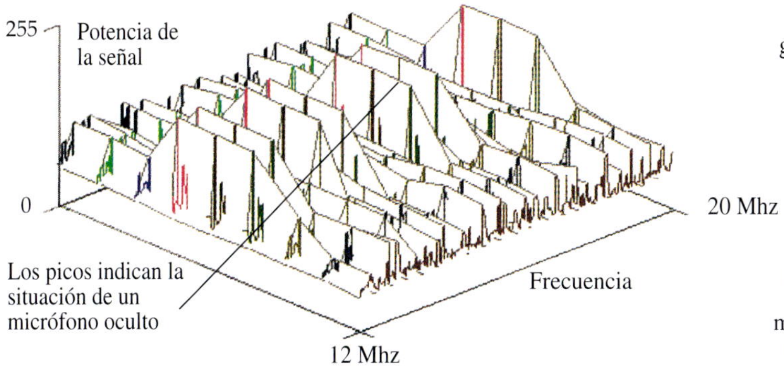

Los picos indican la situación de un micrófono oculto

¿QUE SALA TIENE MICRÓFONOS OCULTOS?
Visualizando las emisiones de las sondas en un receptor tridimensional, se sabe si una habitación contiene un micrófono oculto. El gráfico muestra la potencia y la frecuencia en megahertzios (Mhz) de cada habitación del edificio.

VIGILAR LAS ESQUINAS
En muchas oficinas hay grandes espacios bajo el suelo, sobre el techo y entre las paredes. Estas cavidades son lo suficientemente grandes como para esconder equipos de escucha sofisticados y grandes. Para comprobar esos escondites los agentes de contraespionaje utilizan pequeños espejos y lámparas. Los soportes flexibles de los mangos permiten introducir los espejos en sitios inaccesibles.

Mango flexible

Estos espejos diminutos caben en los agujeros más pequeños

Las pilas suministran electricidad a las bombillas

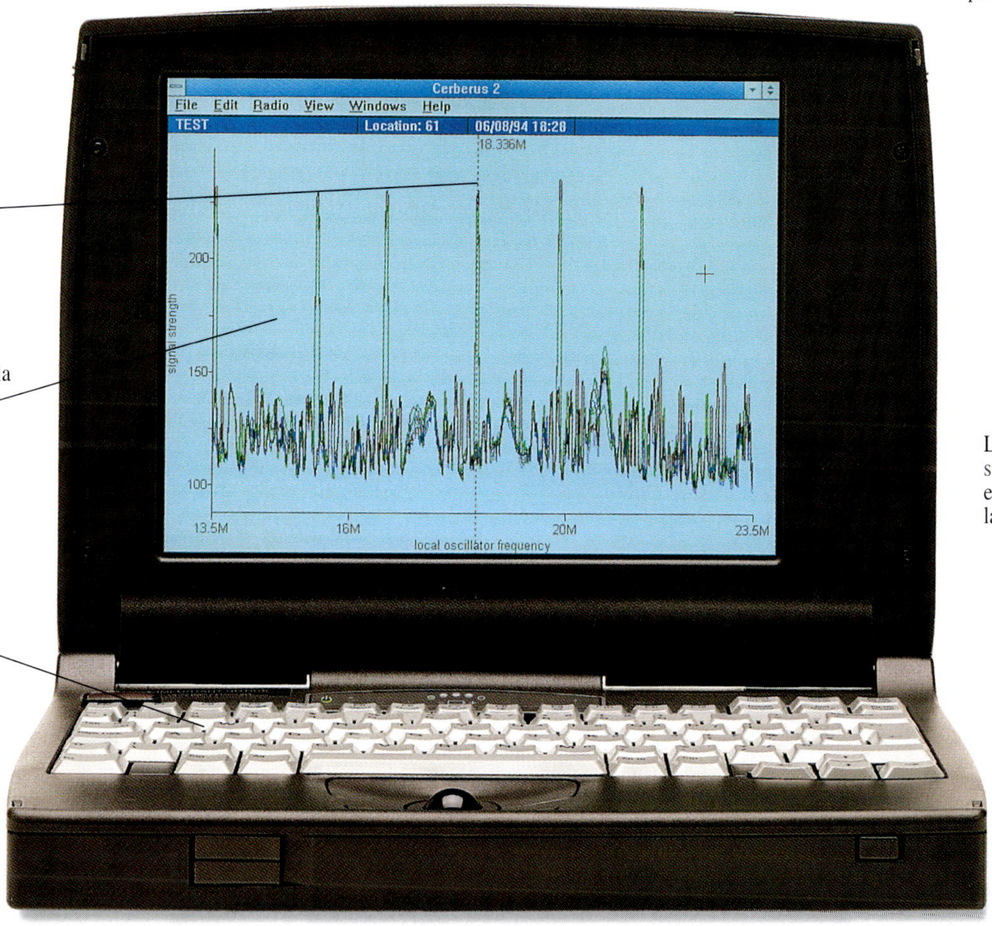

Los picos más altos indican una señal fuerte

Este diagrama indica la presencia de un micrófono oculto

Un ordenador portátil interpreta visualmente la información del dispositivo explorador

La antena recoge las señales de transmisión

DISPOSITIVO EXPLORADOR
Detectar micrófonos baratos es muy fácil: se pone música en la habitación sospechosa y después se coloca un receptor de radio con el que se buscan las frecuencias más usadas hasta que se escucha la música. Los micrófonos más sofisticados evitan ese tipo de localización emitiendo en frecuencias poco habituales, saltando de frecuencia en frecuencia o fragmetando la señal. Este dispositivo explorador detecta los micrófonos "inteligentes" explorando todas las frecuencias de emisión en sólo unos minutos.

El medidor de las señales de radio conduce al operario hasta el micrófono oculto

MICRÓFONOS EN PANTALLA
Al conectar el dispositivo explorador a un ordenador portátil la pantalla muestra sus señales de forma visual. Los altibajos de las líneas ofrecen a un especialista mucha más información sobre las señales de radio que hay en la zona. Las puntas indican señales más fuertes. Cada diagrama muestra la actividad de una señal de radio en un momento determinado. Si un micrófono oculto empieza a funcionar su señal cambiará el perfil del siguiente diagrama.

El aparato emite un tono agudo si detecta un micrófono oculto

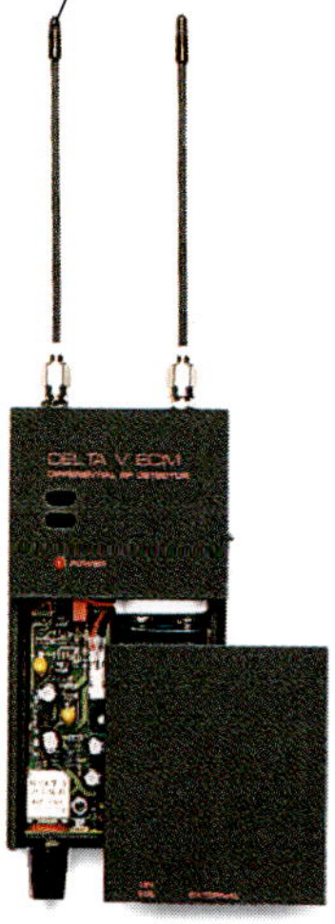

LOCALIZAR EL MICRÓFONO
Una vez que los agentes de contraespionaje están seguros de que hay micrófonos ocultos en una habitación pueden utilizar un medidor manual de señales de radio para localizarlo. Estos aparatos manuales no precisan sintonizarse y emiten una señal más fuerte cuanto más cerca están del emisor de señales.

Caza de espías

Los agentes del servicio de inteligencia abandonan el juzgado con el equipo de espionaje de Bossard

LOCALIZAR E IDENTIFICAR A UN ESPÍA no es fácil a no ser que un agente doble o un desertor le traicione. Las señales de radio sospechosas a veces permiten a los agentes de contraespionaje localizar un transmisor. Pinchando teléfonos e interviniendo el correo de forma secreta un agente de contraespionaje puede localizar a varios y vigilando con perseverancia es posible localizar a bastantes más. Un espía descuidado puede descubrirse a sí mismo y a otros al recoger la información. Por ejemplo, seguir a un espía sospechoso puede conducir a otros agentes desconocidos. Una vez que son atrapados tienen que ser "neutralizados". Esto puede significar o bien sacarlos a la luz pública para que ya no puedan trabajar de forma secreta, o bien expulsarlos a su país de origen, o juzgarlos y encarcelarlos. En algunos países la neutralización puede seguir métodos más siniestros: un juicio amañado y una sentencia de muerte.

PITIDOS QUE CONDUCEN HASTA SECRETOS ROBADOS
La información de un desertor alertó al MI5 británico para que controlara a Frank Bossard (n. 1912). Le atraparon gracias a la instalación de un transmisor en los expedientes que tomaba "prestados" del Ministerio de Aviación. Los pitidos de la radio guiaron a los agentes del MI5 hasta el lugar donde el espía estaba copiando los documentos.

La sonda se introduce por la ranura del sobre y las tenazas cogen la carta

El manillar giratorio enrolla la carta para que se pueda sacar

El agente logra sacar la carta tirando del mango

CARTAS ENROLLADAS
Los agentes de contraespionaje utilizan aparatos como éste para leer cartas y volverlas a colocar en su sitio sin romper el sobre. Esto les permite controlar las cartas que recibe un espía, pero las cartas que envía el espía son bastante más difíciles de interceptar.

UN CAZAESPÍAS SOSPECHOSO
James Jesus Angleton (1917-87) fue el jefe de contraespionaje de la CIA y se dedicó a cazar espías durante dos décadas. No confiaba en nadie y sospechaba que todos los desertores eran agentes dobles del KGB. Sin embargo identificó pocos topos y su actitud tan desconfiada dio lugar a que la organización trabajara de forma más lenta. Ordenó violaciones de correspondencia ilegales, lo cual puso en duda su reputación y fue despedido en 1974.

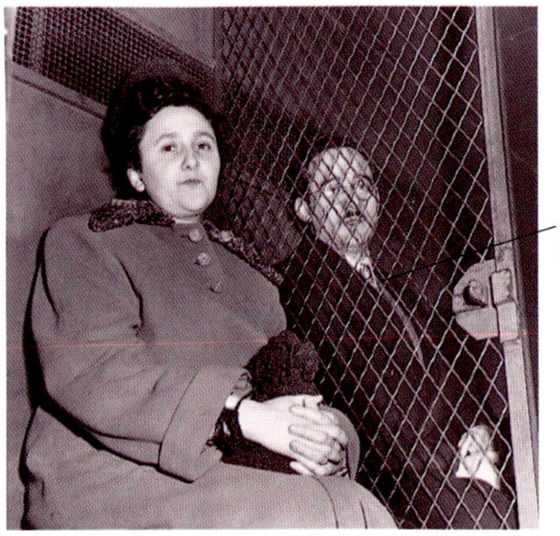

Traslado de los Rosenberg desde el juzgado

JUSTICIA IMPLACABLE
El castigo duro que reciben algunos espías puede llegar a provocar emociones encontradas. Julius y Ethel Rosenberg fueron atrapados mientras pasaban secretos a la Unión Soviética. Se trató de los primeros espías estadounidenses condenados a pena de muerte en tiempos de paz y fueron muchos quienes pidieron clemencia para ellos. Aun así los dos espías comunistas fueron condenados y ejecutados en la silla eléctrica en 1953.

Con estos marcadores invisibles se cubre de polvo una superficie

CON LAS MANOS EN LA MASA

La vigilancia por medio de cámaras de vídeo puede sorprender a un espía en plena faena; lo malo es que repasar las cintas de muchas cámaras lleva mucho tiempo. Esto puede cambiar con el desarrollo de cámaras digitales conectadas a ordenadores. Una vez que el programa ha "aprendido" cuál es el aspecto de determinados espías, puede localizarlos entre la multitud y seguir sus movimientos mediante las cámaras de video.

Las cámaras de vigilancia pueden servir para seguir los movimientos de un sospechoso

Un documento de identidad de un agente de SMERSH

La luz ultravioleta muestra los precintos de zonas "limpias" de micrófonos ocultos

"MUERTE A LOS ESPÍAS"

La organización de contraespionaje soviética Smert Shpionam (que se podría traducir vagamente como "muerte a los espías") era responsable de la seguridad militar y de atrapar a los espías infiltrados en los servicios de inteligencia soviéticos. Al poco tiempo acabaron llamándola "SMERSH".

COMPROBAR LOS PRECINTOS

Después de una inspección en busca de micrófonos ocultos, los agentes de contraespionaje utilizan precintos para asegurar las zonas "limpias". Con una lámpara de luz ultravioleta se hacen visibles los sellos de la inspección y se comprueba que no estén rotos ni alterados.

MANOS MANCHADAS

Rociando los expedientes secretos con estos polvos especiales (a la izquierda) los agentes de contraespionaje pueden atrapar a un espía que haya tocado esos objetos. El polvo se pega a las manos del espía y brilla bajo determinados tipos de luz, como la linterna de luz ultravioleta (parte superior derecha).

El polvo se extiende sobre los expedientes y es invisible con luz normal

La pantalla muestra las señales del satélite para seguir las pequeñas embarcaciones cercanas a la costa de Florida que pueden transportar drogas

NUEVAS MISIONES

Atrapar espías ya no es una noticia tan importante como lo fue durante la guerra fría y los antiguos agentes de contraespionaje tienen en la actualidad nuevas misiones. La CIA, por ejemplo, ha establecido un centro antidroga que coordina las actividades de los servicios de inteligencia estadounidenses que luchan contra el tráfico de drogas.

Espionaje sin espías

El trabajo de los espías de carne y hueso es costoso y lento y si es descubierto puede poner en apuros a los políticos. Afortunadamente existen otros métodos. Los servicios de espionaje mecánico utilizan controles remotos que pueden hacer el trabajo de los espías. Básicamente se pueden dividir en cuatro medios: comunicaciones, señales, electrónica e imágenes. Tal vez el más importante sea el de las imágenes que recogen las cámaras y los radares instalados en aviones espía y en satélites. Estos últimos proporcionan vistas impresionantes de los objetos de la Tierra: algunos incluso pueden llegar a distinguir a un militar de un civil. Al igual que los satélites mejoran la calidad del espionaje, la tecnología aplicada en tierra proporciona mucha información. Los hidrófonos situados en las profundidades de los océanos controlan el sonido de los submarinos enemigos y los sismógrafos detectan las vibraciones ocasionadas por las pruebas atómicas.

AVIONES ESPÍA SIN PILOTO
El *Darkstar* es un avión teledirigido desarrollado en Estados Unidos. Aeronaves de este tipo pueden hacer fotos detalladas de la superficie de un territorio enemigo sin poner en riesgo la vida de un piloto.

PUESTA EN ÓRBITA DE UN SATÉLITE ESPÍA
Los antiguos satélites espías utilizaban rollos de película porque las imágenes que conseguían eran más nítidas que las de un vídeo. El rollo caía a la Tierra en una cápsula que se recogía y se revelaba. Esos satélites todavía se mantienen en secreto. Este lanzador soviético transporta un satélite civil para ponerlo en órbita.

LA TIERRA DESDE EL ESPACIO
Las imágenes multiespectrales ofrecen a las agencias de información unas fotografías muy detalladas de las zonas que se encuentran en guerra y de las bases militares, pero no muestran el terreno con sus colores auténticos. En esta imagen de Sarajevo, en la antigua Yugoslavia, los edificios han sido resaltados en color rosa mediante un procedimiento electrónico. Si se amplían más, las imágenes pueden mostrar objetos tan diminutos como un camión.

El satélite KFA en tierra tras su regreso

Los sensores situados detrás de las ventanas tintadas captan los objetivos con luz normal e infrarroja

Los motores impulsan al Blackbird a tres veces la velocidad del sonido

OJOS EN EL CIELO
Los 12 satélites espía estadounidenes denominados *Keyhole* pueden "ver" objetos tan pequeños como una naranja desde una distancia de 400km. Ninguna nación permite ver las fotos de sus satélites espía. Pero este satélite de observación terrestre, utilizado en cartografía, es muy parecido. Las imágenes por radar permiten a los satélites espía atravesar las nubes y los sensores de infrarrojos pueden detectar las huellas de calor dejadas por el lanzamiento de un misil. Las cámaras multiespectrales del satélite permiten diferenciar el camuflaje de los árboles de verdad.

La aeronave es muy ligera para que su campo de acción sea mayor

La cabina no está presurizada: el piloto respira oxígeno directamente desde el casco

EL AVIÓN ESPÍA U-2
La CIA celebró como un triunfo este avión espía que volaba a gran altura y que realizó su primer vuelo en 1955 porque creían que era más preciso y seguro y que podía obtener la información más rápidamente que un espía. El U-2 volaba a 12.000m, pero al parecer esto no era suficiente: un misil soviético alcanzó uno en 1960; el piloto fue capturado (págs. 38-39).

La explosión fue equivalente a un terremoto de una magnitud de 6,2 en la escala Richter

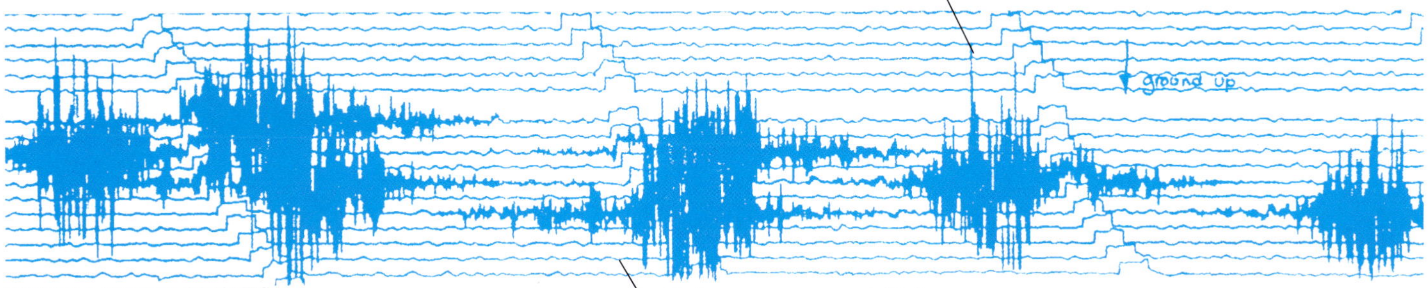

SEGUIR LAS EXPLOSIONES
Los sismógrafos consiguen que los temblores de la corteza terrestre queden reflejados en un diagrama sobre el papel. Los geólogos normalmente los utilizan para estudiar los terremotos, pero estos instrumentos también pueden registrar las pruebas nucleares que se realicen en el otro extremo del mundo. En septiembre de 1949, los servicios de inteligencia de EE UU consiguieron la primera prueba concluyente de que la Unión Soviética había conseguido su primera bomba atómica a partir de un diagrama parecido a éste.

El diagrama muestra actividad en la base de pruebas de la Unión Soviética en Kazajistán, en Asia Central

MIRAR DE CERCA
Esta es una extraordinaria fotografía, tomada en 1984, de un portaaviones soviético en construcción en unos astilleros del mar Negro. La foto muestra el casco del barco que se estaba construyendo en dos secciones diferentes. Mediante el ordenador se ha aumentado la nitidez y el color para mejorar la calidad de la foto.

La pintura negra es necesaria para paliar el calor, ya que la fricción con la atmósfera calienta el avión hasta los 427°

LA VISTA DE HALCÓN DEL BLACKBIRD
El avión de reconocimiento *Blackbird* se construyó para reemplazar al U-2. Aunque fue diseñado en 1959, este biplaza es uno de los que vuelan más alto y más rápido del mundo. Puede cruzar el Atlántico en menos de dos horas y fotografiar un país del tamaño de México en unas 13 horas. La empresa Lockheed desarrolló el U-2, el *Blackbird* y el *Darkstar* en un fábrica secreta del estado de Nevada. Los *Blackbird* funcionaron durante 20 años en tiempos de la guerra fría, pero sus operaciones se suspendieron en 1990 para ahorrar dinero. Cinco años más tarde la Fuerza Aérea de EE UU remodeló varios aparatos y volvió a entrenar pilotos para misiones de reconocimiento.

El espionaje en la actualidad

EL OJO EN EL CIELO
Los datos de los satélites ayudan a las personas relacionadas con el medio ambiente a controlar el cambio climático y los ecosistemas o los desastres naturales. Los satélites espías toman las fotos más nítidas pero hasta hace poco, eran secretas. En la actualidad la CIA ha puesto sus fotos a disposición del público. Ofrecerán a los investigadores una imagen más clara de cómo ha cambiado la Tierra en los últimos 40 años.

LOS ESPÍAS VIVIERON SU ÉPOCA DORADA DURANTE LA GUERRA FRÍA. Mientras duró, Estados Unidos y la Unión Soviética temían los misiles y bombas del contrario y precisaban de los servicios de inteligencia para mantener la paz. Pero cuando la guerra fría terminó a finales de los años 80 muchos espías se quedaron sin trabajo. Los servicios de espionaje se tuvieron que adaptar con celeridad a la nueva situación. Buscaron nuevos usos para las habilidades y equipos de los espías y algunos derivaron a usos científicos. En lugar de perseguir submarinos, la red secreta de hidrófonos estadounidense se utilizó para seguir a las ballenas. Los espías se dieron cuenta de que su experiencia en contraespionaje podía ser de gran utilidad en la lucha contra el terrorismo. Los agentes que habían perseguido a los traidores de la guerra fría comenzaron a perseguir a los narcotraficantes. Sin embargo, no todos los espías aceptaron con gusto su nuevo papel de policía internacional. Algunos encontraron otros trabajos en esta época más pacífica. En el caos que siguió a la desmembración de la Unión Soviética, los agricultores rusos habían plantado más de 100.000 campos con amapolas de opio. Todo lo que necesitaban eran personas con los contactos internacionales adecuados para poder distribuir la heroína fabricada con las amapolas. Sólo tenían una posibilidad: contratar a los espías que entonces abundaban en Rusia.

DROGAS EN LA CALLE
Los servicios de espionaje pueden recoger información sobre la producción y el tráfico de narcóticos. Sin embargo, la guerra contra las drogas no termina cuando un cargamento llega a su destino. Utensilios como éstos (izquierda) ayudan a los agentes a atrapar a los traficantes. Estos pulverizadores identifican las drogas estén donde estén, evitando el coste y el tiempo de los análisis de laboratorio.

UN PAPEL FLEXIBLE
Aunque el mundo cambie mucho siempre habrá un sitio para los agentes secretos. Puede ser que Rusia ya no sea una amenaza para EE UU, pero la guerra en la actualidad se cierne sobre Europa del Este y los agentes de la CIA han aprendido a hablar el serbocroata. Los agentes del Servicio Secreto estadounidense también cumplen una labor importante en la protección de su presidente.

Un agente del servicio secreto estadounidense protege al presidente Bush en una reunión contra la droga

Esta bolsa de mano esconde una ametralladora

VIGILANTES DE LA DROGA
La guerra contra las drogas se apoya cada vez más en los satélites estadounidenses que fueron utilizados para controlar los tratados sobre armas nucleares. Sobre el cielo de Colombia, un "espía del cielo" puede identificar pistas de aterrizaje, labotarios de drogas y zonas de almacenamiento escondidos en la jungla. Utilizando la información de los satélites los soldados colombianos irrumpieron en la zona con helicópteros y tropas de tierra. En 1994 se hicieron con 20 toneladas de cocaína en una sola redada.

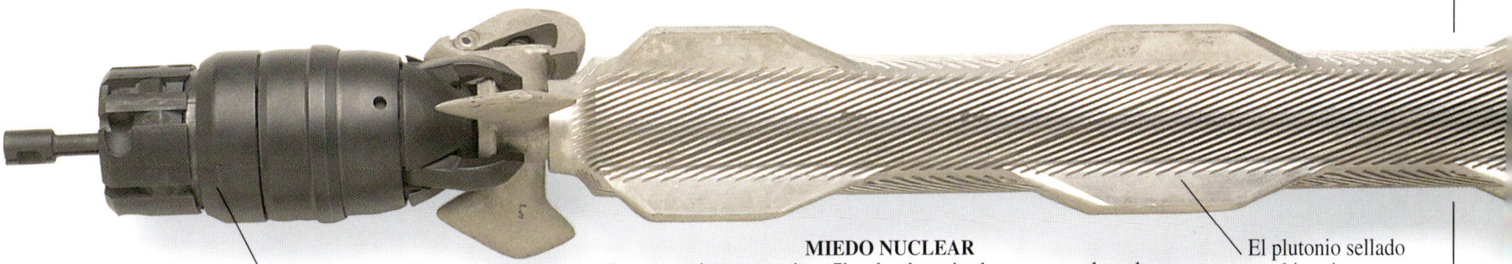

Este tubo de combustible contiene bolitas de material nuclear

El plutonio sellado en el interior es muy peligroso pero su radiación no es un obstáculo para los fabricantes de bombas

MIEDO NUCLEAR
Los terroristas necesitan 7kg de plutonio de una central nuclear para construir una bomba, y los trabajadores de la ruinosa industria nuclear de Rusia están deseando venderlo. Los servicios de inteligencia de todo el mundo cooperan para seguir la pista al uranio y plutonio robados.

Las cápsulas de combustible más ligero incrementan su potencia inflamable

La energía la proporcionan cuatro pilas de 1,5 voltios

Panel del circuito de temporización

Temporizador

Luz de encendido

Interruptor de encendido

Compartimento que contiene el mecanismo incendiario

La bomba incendiaria fue desactivada antes de que explotara

BOMBA DEL IRA
En 1993 el MI5 (servicio de contraespionaje británico) colaboró con la policía para atrapar a los terroristas del IRA (Ejercito Republicano Irlandés). En el pasado el IRA había utilizado armas como esta bomba incendiaria en su campaña por unir Irlanda del Norte (territorio británico) con la República de Irlanda. El MI5 utiliza en la actualidad sus recursos para perseguir a otros activistas, entre los que se incluyen algunos pertenecientes a organizaciones en defensa de los derechos de los animales que también utilizan bombas incendiarias.

CRIMEN ORGANIZADO
En Estados Unidos, el FBI persigue a los espías y lucha contra las bandas del crimen organizado como la Mafia y las Tríadas chinas. Los servicios de contraespionaje como el MI5 en Gran Bretaña, hace poco que se han unido a la policía en esta lucha.

Los jugadores se reúnen en el cuartel general de Hung Mon Association en Nueva York, que tiene conexiones directas con las bandas de las Tríadas.

SENDERO LUMINOSO
Abimael Guzmán está entre rejas y ya no dirige el movimiento guerrillero de Sendero Luminoso que aterrorizó a Perú durante más de 20 años y que mató a más de 25.000 personas. La policía utilizó técnicas de espionaje para atraparlo en 1992, primero recogiendo información y más tarde irrumpiendo en su apartamento con agentes disfrazados.

Espías famosos

LOS ESPÍAS MÁS EFICACES NO SON FAMOSOS. Tan pronto como terminan su trabajo, desaparecen en las sombras. Los espías que actúan durante las guerras son una excepción: cuando las hostilidades terminan, cuentan sus hazañas y a veces consiguen grandes honores. Odette Sansom recibió la Cruz de San Jorge, una de las condecoraciones más importantes de Gran Bretaña en reconocimiento a su labor de espionaje, a las torturas a las que fue sometida y al tiempo que pasó en prisión. Pero no todo el mundo estaba de acuerdo en que la mereciera. Yvonne Cormeau (págs. 32-33) se quejó de que otros agentes del SOE habían recibido menos honores porque "no habían sido atrapados". Por supuesto todos los espías intentan evitar ser capturados, pero si esto ocurre la fama puede llegarles inmediatamente. Sus captores desean publicar enseguida los crímenes de los espías. Los juicios de espías a veces decepcionan a los lectores de periódicos: en la vida real de un espía el lujo es más bien excepcional y el trabajo aburrido. Sin embargo, unos pocos espías llevan vidas tan emocionantes como las de una novela. Algunos incluso sirven de inspiración para los personajes de ficción: Ian Fleming se basó en el espía Dusko Popov para su personaje James Bond.

Sean Connery como Bond en la película *Doctor No*

¿SE PUEDEN COMPARAR?
El personaje de ficción James Bond (parte superior) y el espía de verdad Dusko Popov (sobre estas líneas con su mujer) tenían varias cosas en común: a los dos les gustaba apostar y disfrutaban con la compañía de mujeres bellas. El creador de Bond, Ian Fleming (págs. 58-59) conoció a Popov en 1941, cuando ambos eran agentes secretos.

Para sus actuaciones, Mata Hari llevaba trajes y sombreros elegantes. Pero a menudo también bailaba desnuda

Mata Hari hacía creer falsamente que era la hija de la bailarina de un templo y que se había dedicado a la veneración de la diosa Shiva

ESPÍA FALLIDA
La bailarina exótica Margaretha Macleod (1876-1917), conocida como Mata Hari, entretenía a los oficiales alemanes en Francia durante la I Guerra Mundial. Aunque se convirtió en uno de los nombres más famosos de la historia del espionaje, no fue una buena espía. Fue reclutada por el servicio secreto alemán, pero no se fiaban del todo de ella, y ella ofreció sus servicios a los aliados. Al final Alemania la traicionó denunciándola a Francia y el 15 de octubre de 1917 fue ejecutada por un pelotón de fusilamiento francés.

NOMBRE CLAVE: "CONEJO BLANCO"
El oficial galés de la fuerza aérea británica "Tommy" Yeo-Thomas se hizo famoso tras su arresto y tortura a manos de la Gestapo, la policía secreta alemana, durante la Segunda Guerra Mundial. Había trabajado para el SOE (págs. 32-33) organizando la resistencia francesa. Fue traicionado y capturado a la salida de una estación de metro en París. Torturado por la Gestapo, fue encarcelado pero se escapó del campo de exterminio de Buchenwald en Alemania.

Los documentos falsificados daban a "Conejo Blanco" tapaderas para sus visitas a Francia

Donald Maclean (1913-83) pasó secretos de la bomba atómica a Moscú

Guy Burgess (1911-63) se hizo famoso por su violencia alcohólica

Kim Philby (1912-88) avisó a Maclean y Burgess de cuándo tenían que escapar

Anthony Blunt (1907-83) ayudó a los demás a escapar a la Unión Soviética

Odette Sansom fue la primera mujer en ganar la Cruz de San Jorge

Odette Sansom con sus muñecas en 1954

Muñecas cosidas a mano

Los bastones de esquí estaban hechos con cartón y papel de plata

HEROÍNA DE GUERRA

Durante la Segunda Guerra Mundial, Odette Samson (1931-95) trabajó bajo el nombre de "Céline" como agente del Servicio de Operaciones Especiales (SOE) de los aliados. Colaboró en la constitución de grupos de resistencia en el sur de Francia., Odette fue traicionada por un agente doble en 1943, capturada y trasladada a la prisión de Fresnes cerca de París, donde fue salvajemente torturada. Después de Fresnes se la transfirió a una prisión en Alemania y más tarde a un campo de concentración. La elaboración de estas muñecas para la sobrina y el sobrino de un cura católico alemán la ayudó a soportar el largo periodo de cautividad. En mayo de 1945 finalmente fue liberada por los aliados. La crueldad de su sufrimiento y el valor con el que lo asumió la convirtieron a una espía legendaria de la guerra.

LOS CINCO DE CAMBRIDGE

Cuatro de los espías más famosos de este siglo se conocieron en la universidad de Cambridge, Inglaterra. Mientras trabajaban para el Ministerio de Asuntos Exteriores británico, Guy Burgess y Donald Maclean pasaron secretos a Moscú y escaparon allí en 1951, cuando el MI5 comenzó a sospechar de ellos. Cuando el "tercer hombre" Kim Philby (págs. 34-35) se les unió en 1961, un "cuarto hombre", Anthony Blunt admitió de forma secreta haber espiado. Como recompensa a su confesión, Blunt siguió con su puesto de trabajo de supervisor de los cuadros de la reina hasta que se jubiló. Sin embargo, en 1979 su nombre había salido a la luz pública y más adelante se reveló un "quinto hombre": John Cairncross.

VÍCTIMA DE UN JUICIO

El oficial del servicio de inteligencia militar Oleg Penkowsky (1919-63) se puso en contacto con los servicios de espionaje occidentales en 1960. Pensaba que podía evitar una guerra si les contaba lo que sabía sobre los misiles nucleares soviéticos. Los secretos que proporcionó dieron una gran ventaja a Estados Unidos en la guerra fría. El KGB atrapó a Penkowsky y se le sometió a un juicio espectacular en el que él "confesó". Fue condenado a muerte y ejecutado en 1963.

Espías de ficción

Michael Caine actuó como Harry Palmer en la película de 1965 *Ipcress*

EL ANTIHEROE
En la película *Ipcress*, basada en una novela del escritor Len Deighton aparece un espía que sólo tiene en común con James Bond su nacionalidad. La historia del ladronzuelo que se transforma a su pesar en espía fue el primer libro de gran éxito de Deighton.

EL ESPIONAJE POSEE TODOS LOS INGREDIENTES para un libro o una película emocionantes: suspense, acción, intrigas e historias humanas. El autor estadounidense James Fenimore Cooper (1789-1851) contribuyó a crear el género del espionaje con su libro *El espía,* en 1821, pero las novelas de espionaje se han hecho verdaderamente populares en los últimos 50 años. Algunos de los autores de más éxito fueron auténticos espías. Ian Fleming trabajó para el servicio de inteligencia de la Marina durante la Segunda Guerra Mundial. John Le Carré se basó en su experiencia en el MI5 y MI6 para crear un retrato más auténtico del mundo de los agentes secretos. Hollywood transformó los libros de estos dos autores y de muchos otros en películas de éxito, pero los libros y las películas no siempre impresionaban a los espías. Allen Dulles, que fue director de la CIA, escribió que "los espías héroes casi no existen en la vida real". Esto no fue un obstáculo para que la CIA siguiera utilizando películas de espionaje en el entrenamiento de sus agentes para informarles sobre los peligros y ventajas de su trabajo.

El lujoso tren de vida de Lotz le valió el apodo del "espía del champaña".

ENCUENTRO ENTRE AUTOR Y ESPÍA
Frederick Forsyth (izquierda) basó su libro *Odessa* en las hazañas del "espía del champaña" Wolfgang Lotz (derecha). Lotz paralizó el programa de misiles de Egipto y ayudó a Israel a ganar la Guerra de los Seis Días contra Egipto en 1967.

Bond utiliza una pistola pitón para lanzar la cuerda durante la espectacular escena de "puenting" del comienzo de la película

En el extremo de la cuerda hay un gancho con forma de ancla

LOS ESPÍAS MÁS VENDIDOS
Los espías británicos puede que no sean los mejores del mundo pero los escritores de espionaje británico copan las listas de libros más vendidos. En los años 60, su mensaje claramente anticomunista alarmó al KGB. Los soviéticos intentaron contraatacar con *La misión Zahkov*, en el que un héroe comunista derrota a 007. No pudo competir con los libros de Fleming, que se han traducido en todo el mundo.

UNA MALA DE FICCIÓN
"Estamos atrapados en una red de espías" grita D'Artagnan, el joven héroe que ayuda a los tres mosqueteros en la famosa aventura escrita por Alejandro Dumas (1802-1870). Milady (derecha) es la más letal de los espías empleados por el cardenal Richelieu (págs. 40-41) para intentar desacreditar a la reina de Francia.

EL TRUCO DE LA CUERDA
Los artilugios de alta tecnología son tan importantes como el agente 007 en las películas de James Bond. En la serie de libros sobre Bond, Ian Fleming se inspiró en inventos verdaderos fabricados por personas como Charles Fraser-Smith para los agentes de la Segunda Guerra Mundial (pags. 12-13).

La hebilla oculta una cuerda fina de 27m de longitud que puede aguantar el peso de Bond

Cinturón que Bond lleva en la película *Goldeneye*

Mira telescópica

La pistola pitón de James Bond en la película *Goldeneye*

La pistola pitón puede emitir rayos láser que Bond utiliza para cortar el tejado de una planta química rusa

EL TIEMPO VUELA
Los relojes tienen una gran importancia en muchas de las películas de Bond. En *Goldeneye*, el reloj de Bond posee un rayo láser que le ayuda a salir de situaciones comprometidas. El KGB estudiaba las películas de Bond para desarrollar su propia tecnología de espionaje.

LICENCIA PARA HACER DINERO
Cuando Ian Fleming (1908-64) creó el personaje de James Bond, intentaba escribir una historia de espías "para terminar con todas las historias de espías". Lo logró. Se han vendido más de 18 millones de copias de los 12 libros de Bond.

En *Goldeneye*, la decimoséptima película de James Bond, Pierce Brosnan encarna al sofisticado espía inglés

Bond coloca una bomba magnética para destruir la planta química

El estuche del espía, idéntico a uno verdadero, incluye herramientas para abrir cerrojos

ESCUCHAS EN EL SERVICIO
En la película *La conversación*, un experto en escuchas (interpretado por Gene Hackman) se mete en un mundo terrible de engaños y crímenes. Igual de emocionante que las películas de espías políticos, Esta película ofrece una visión original y auténtica del trabajo de los agentes de espionaje industrial y resulta tan emocionante como las de los espías políticos.

Índice

Agradecimientos

Han colaborado:
Audiotel International Limited (Keith Penny, Ray Summers, Julie Walker, Adrian Hickey); Eon Productions (Julie O'Reilly); Imperial War Museum, Londres (Paul Cornish, John Bullen, Mike Hibbard); Inteligence Corps Museum, Ashford (Comandante R.W. M. Shaw, Jane Carpenter); Leica UK Ltd (Peter Mulder); Lorraine Electronics Surveillance (David Benn, Simon Rosser); Next Retail Ltd (Shirley Brown, Hilary Santell); Joanne Poynor; Spycatcher (Mike Phillips); Whitbread plc (Nicholas Redman, Archivero)
Diseño y ayuda adicional en la edición:
Ann Cannings, Jason Gonsalves, Sailesh Patel
Paloma: Rick Osman
Paracaídas de paloma: Martine Cooper
Diseño: John Woodcock
Guardas: Iain Morris
Índice: Marion Dent
Créditos de las ilustraciones:
La editorial desearía agradecer a las siguientes instituciones y personas su permiso para la reproducción de las ilustraciones y fotografías:
(s= superior, i= inferior, c= centro, iz= izquierda, d= derecha)
AKG Photos, Londres /J. V. Leffdoel *Scipio Publius Cornelius* 40siz. **Ancient Art & Architecture Collection** 8siz, 8iiz, 8ic. **Associated Press Ltd** 11sd, 29iiz, 35s, 35id, 43c, 47iiz, 52sd; Wire Photo 53cd. **Aviation Photographs International** 38siz. **Bildarchiv Preussischer Kulturbesitz** 25ciz. **Bilderdienst Süddeutscher Verlag** 27ciz.**Bridgeman Art Library** / Guildhall Art Gallery, Corporation of London, Sir John Gilbert, detalle de *Ego Et RexMeus* 40ciz; Colección privada, I. Glasunov *Iván el Terrible* 1989, 40iiz; cortesía del Board of Trustees de V & A, Londres, Nicholas Hilliard, *Mary Queen of Scots* 28ciz. **Camera Press Ltd.** 35sd, 39ciz; R. Artacho 55id; S. Ferguson 42 id; B. Ross 56ds. **Jean Loup Charmet**/Bibliothèque des Arts Decoratifs, Lucien Laforge *L'Espion*, 1916, 31sc. **D.C. Comics Inc**, *Spy vs Spy* es una marca registrada de E.C. Publications, Inc. © 1995. Reservados todos los derechos 42s. **Mary Evans Picture Library** portada siz, 29d, 40c; J. Mammen contracubierta siz, 14siz. **E. T. Archive** / Biblioteca Nazionales Marciana, Venecia 9sd; Musée Versailles, Philippe de Champaigne, detalle del *Cardenal Richelieu* 41cd; Staatliche Glyptothek, Munich 9siz; V & A, Londre 11sc; **Werner Forman Archive** / Ninja Museum Ueno, detalle que muestra a un ninja haciendo señales secretas 40 iiz; E. Strouhal 8iiz. **Ronald Grant Archive**, *Stakeout* 1987, Touchstone 16iiz, *Doctor No*, 1962, UA/Eon 56sd, *The Ipcress File* 1965, Rank/Steven Lowndes 58 sd, *The Three Musketeers* 1948, MGM 58 id, *The Conversation* 1974, Paramount/Francis Ford Coppola 59iiz. **Keith Hamshere** cubierta iciz, 4ci, 9id, 59sd, 59 cd, 59 id, 58-59. **Michael Holford** / Musée de Bayeux 8-9; V & A, Londres 10-11. **Hulton Deutsch Collection** 10cd, 38c, 41c, 41iiz, 56iz, 57sc, 57id, 57iz. **Imperial War Museum**, Londres 23ic, 29siz, 36td, 56id; Fougasse Careless Talk Costs Lives 10sd. **Lockheed** 52-53. **Lockheed Martin Skunk Works** 53s, **Magnum Photos Ltd** /E. Erwitt 43ciz; S. Meiselas 54iiz; E. Reed 19cd; A. Webb 51 id; Zachmann 55iiz. **The Mansell Collection** 10siz. **H. Keith Melton** cubierta id y icd, contracubierta dci, 13sc, 28siz, 28cd, 28sd, 28id, 30id, 37siz, 37i, 42iiz, 43id, 45siz, 51ciz; Jerry Richards del Labotratorio del FBI en Washington D.C. 10ciz, 10c; Jack Ingram, Supervisor del National Cryptologic Museum, Maryland, 16ciz, 16c, 27sd; **Mirror Syndication International** 27i, 50sd; Aldus Archive 24siz; Aldus Archive/Science Museum /Eileen Tweedy portada cd, 24ciz; Rijksinstituut voor Oorlogsdocumentatie 9c; National Archives, EE UU 26c; Public Record Office 25siz, 41siz; © US Army 27siz. **National Cryptologic Museum, Maryland** 26iiz. **National Portrait Gallery, Londres** /John De Critz, the Elder Sir Francis Walsingham 41sd. **Peter Newark's American Pictures** 30siz, 30ic, 31iiz. **Popperfoto** 23siz, 31sd, 31id, 35iiz, 41id, 58ciz; Reuter / S. Jaffe 34 id; Reuter /W. McNammee 34c. **Press Association** 36iciz. **Range**/Bettmann/UPI 22iiz, 50c, 54id; Bettman/UPI/Sam Schulman 50ic. **Rex Features Ltd** / Action Press 38-39; Sipa-Press 39siz. **Reuters Television** portada siz, 42cd (detalle), 54siz (detalle). **Science Photo Library** / NRSC Ltd 52c; R. Ressmeyer Starlight 38ic. **Science & Society Picture Library, Science Museum, Londres** 26siz. **Frank Spooner Pictures / Gamma-Liaison** 11ciz. **Topham-Picturepoint Ltd** contracubierta id, 12siz, 35ciz, 35c, 34siz, 34sd; AP 45sc. **Worldmap-Priroda** 52siz, 52iiz.

Se han realizado todos los esfuerzos posibles para localizar a los poseedores de los derechos de reproducción de las fotografías; rogamos disculpen las posibles omisiones.

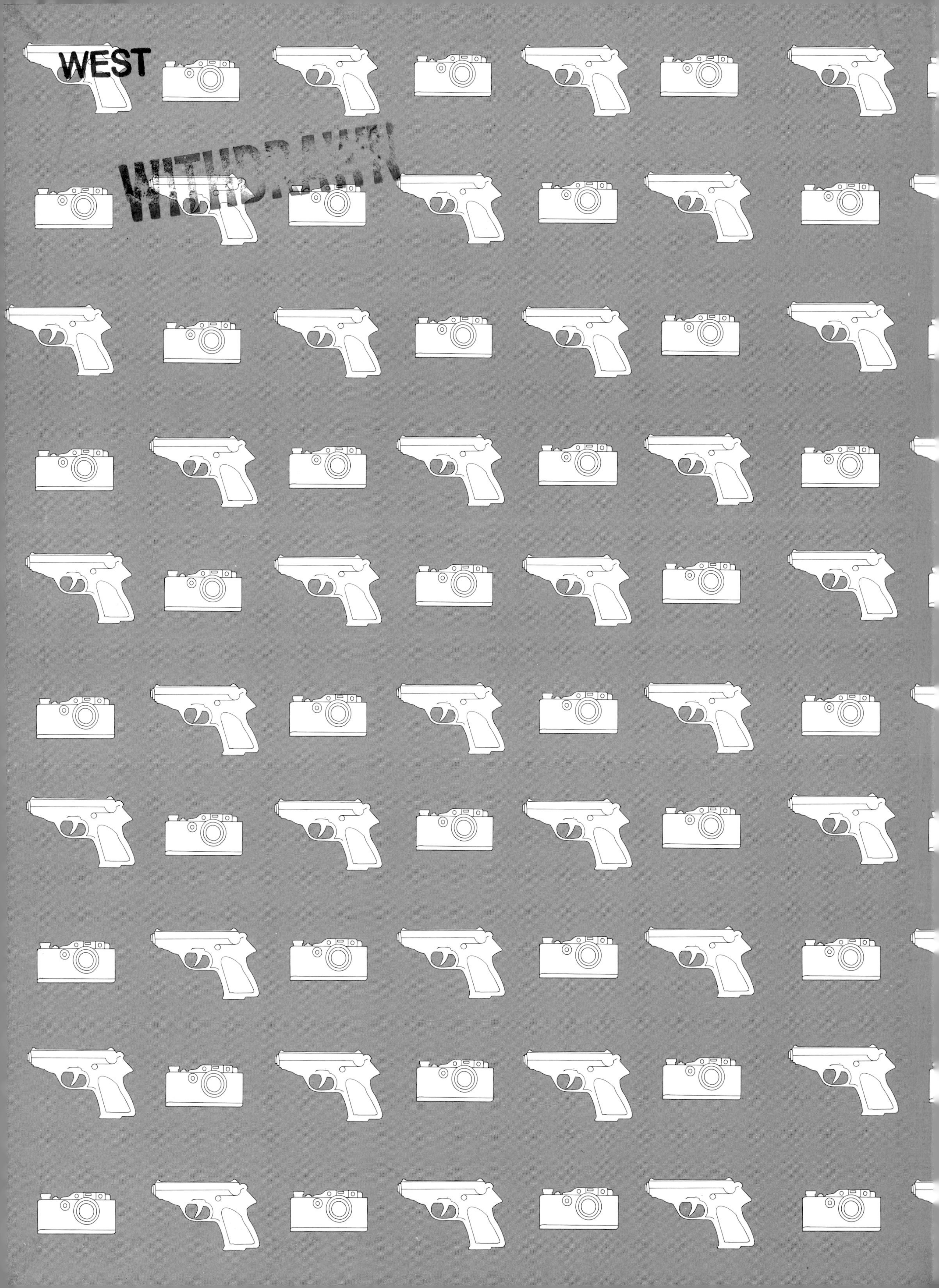